GÉO-REGARDS

REVUE NEUCHÂTELOISE DE GÉOGRAPHIE

ANIMAUX SAUVAGES EN VILLE : QUELLES COHABITATIONS ?

PUBLIÉ SOUS LA DIRECTION DE SILVIA FLAMINIO,
MAUD CHALMANDRIER, JOËLLE SALOMON CAVIN

N° 16, 2023

SOCIÉTÉ NEUCHÂTELOISE DE GÉOGRAPHIE
ET INSTITUT DE GÉOGRAPHIE DE L'UNIVERSITÉ DE NEUCHÂTEL

ÉDITIONS ALPHIL-PRESSES UNIVERSITAIRES SUISSES

Rue du Tertre 10
CH-2000 Neuchâtel
www.alphil.ch
www.alphilrevues.com

Géo-Regards : revue neuchâteloise de géographie est une revue à comité de lecture issue de la fusion du *Bulletin de la Société neuchâteloise de géographie* et de *Géo-Regards : cahiers de l'Institut de géographie. Géo-Regards* est, entre autres, référencé par Elsevier (Scopus), sur le portail Mir@bel, et par le Comptoir des presses d'universités. La revue figure sur la liste des revues scientifiques de l'Union géographique internationale.

N° 16, 2023

DOI : 10.33055/GEOREGARDS.2023.016.01

ISSN 1662-8527
ISBN 978-2-88930-622-0
ISBN PDF 978-2-88930-623-7
ISBN Epub 978-2-88930-624-4

Abonnements	L'adhésion à la Société neuchâteloise de géographie comprend l'abonnement à *Géo-Regards : revue neuchâteloise de géographie.*
	Cotisations annuelles : membre ordinaire : 40 fr. ; couple : 60 fr. ; étudiant(e) : 20 fr. Abonnement (sans adhésion) : 33 fr.
	Société neuchâteloise de géographie Case postale 53
	2006 Neuchâtel www.s-n-g.ch
Vente directe et librairie	Éditions Alphil-Presses universitaires suisses
	Rue du Tertre 10
	2000 Neuchâtel
	commande@alphil.ch
Vente version électronique	www.alphilrevues.com
Éditeurs	Patrick Rérat (Université de Lausanne),
	Étienne Piguet (Université de Neuchâtel)
Comité scientifique et de rédaction	Roger Besson (Uni. de Neuchâtel), Patrick Bottazzi (Uni. de Berne), Frédéric Dobruszkes (Uni. libre de Bruxelles), Marion Ernwein (Uni. of Oxford), Marie-Christine Fourny (Uni. Grenoble Alpes), Jean-Marie Halleux (Uni. de Liège), Hugues Jeannerat (Uni. de Neuchâtel), Francisco Klauser (Uni. de Neuchâtel), Laurent Matthey (Uni. de Genève), Étienne Piguet (Uni. de Neuchâtel), Raffaele Poli (Uni. de Neuchâtel), Martine Rebetez (Uni. de Neuchâtel), Jean Ruegg (Uni. de Lausanne), Joëlle Salomon Cavin (Uni. de Lausanne, responsable de la présentation des thèses), Ola Söderström (Uni. de Neuchâtel), Thierry Theurillat (Haute École Arc), Mathieu van Criekingen (Uni. libre de Bruxelles)
Traduction des résumés	Hubert Rossel et les auteurs
Photographie de couverture	Silvia Flaminio, Mulhouse, 2018
Secrétaire de rédaction	Léonard Schneider
Responsable d'édition	Sandra Lena, Éditions Alphil-Presses universitaires suisses

Introduction

Silvia Flaminio, Université de Lausanne, École normale supérieure de Lyon, **silvia.flaminio@ens-lyon.fr**,
Maud Chalmandrier, Université de Lausanne, **maud.chalmandrier@unil.ch**,
Joëlle Salomon Cavin, Université de Lausanne, **joelle.salomoncavin@unil.ch**

Un couple de canards sur la place de la Comédie française à Paris, une harde de sangliers dans les rues de Barcelone, un chevreuil égaré au centre-ville de Bâle ou des cerfs broutant dans les jardins des immeubles genevois: la présence d'animaux sauvages en ville a été largement commentée dans les médias durant la crise du Covid (Manenti et al., 2020; Rutz et al., 2020). Alors que les citadin·e·s. étaient confiné·e·s. chez eux et chez elles, la vie sauvage urbaine, alimentée par les récits médiatiques d'une nature «qui reprend ses droits» (Bosworth, 2022; Fiske et al., 2024), se rendait moins discrète, plus visible et plus audible. Cette apparente «anthropause» (Searle et al., 2021) a motivé de nombreux biologistes à mener des analyses inédites de la faune urbaine (Manenti et al., 2020; Vardi et al., 2021), en particulier aviaire (Derryberry et al., 2020; Gordo et al., 2021; Seress et al., 2021), et stimulé le développement des recherches en sciences sociales vers de nouvelles perspectives sur la place de l'animal en ville (Gibbs, 2022).

La présence animale en ville n'a cependant pas toujours été synonyme de bonne surprise, pour les animaux comme pour les humains. Généralement discrets, les rats ont en effet subi, comme les citadin·e·s, la fermeture des restaurants, dont les déchets constituent une de leurs sources habituelles de nourriture. Ils ont dû élargir leur territoire d'achalandage, ce qui a parfois entraîné des rencontres plus fréquentes avec les citadin·e·s. Dans une cité universitaire à Villeneuve d'Ascq, le confinement des étudiant·e·s a été d'autant plus douloureux à vivre que des blattes infestaient les bâtiments (Nunès, 2020). Même si l'attention singulière accordée aux animaux en ville n'a pas perduré, elle rappelle l'actualité de la question animale et l'intérêt pour la géographie d'apprendre à penser avec les animaux (Ruddick et al., 2023).

Ce numéro spécial de *Géo-Regards*, s'intéresse aux formes de cohabitation ou de coexistence avec la faune sauvage de la ville. Il interroge les relations espaces-espèces-citadins (Lorimer, 2012). Par sauvages, nous qualifions les animaux qui échappent dans une large mesure au contrôle humain (Lorimer, 2015: 7; Maris, 2018: 9), au-delà des délimitations spatiales et symboliques qui ont fixé les catégories de société et de nature (Whatmore, 2002). S'intéresser à l'animalité urbaine est particulièrement propice pour prendre en compte les reconfigurations du sauvage,

DOI: 10.33055/GEOREGARDS.2023.016.05

telles que la féralité qui se réfère à des processus de dédomestication (Clancy, 2021), la commensalité par laquelle les animaux s'adaptent en profitant des sources anthropogéniques de nourriture (O'Connor, 2017) et la synurbanisation qui désigne l'association étroite du comportement de populations animales aux particularités de l'écosystème urbain[1] (pour une discussion de la manière dont ces catégories sont négociées, voir Barua et Sinha, 2019).

Plus généralement, ce numéro s'inscrit dans la perspective d'une géographie animale (Hovorka et al., 2021 ; Urbanik, 2012 ; Wolch et Emel, 1998) ou humanimale (Estebanez et al., 2013) – vocable qui permet d'insister sur le caractère relationnel humains-animaux des travaux menés en géographie (Urbanik, 2012). La géographie animale s'est dès ses prémices intéressée aux espaces urbains (Philo, 1995 ; Wolch et Emel, 1998). Le milieu urbain invite tout particulièrement à repenser la dichotomie, à la fois symbolique et spatiale, entre nature-culture : entre espaces pour les humains (les villes et autres constructions) et espaces pour la nature et les animaux sauvages (la *wilderness ou wildness*) (Lorimer, 2015 ; Wolch et Emel, 1998). Cette représentation n'aurait laissé aucune place pour l'animal sauvage en ville, particulièrement en Occident : « *No place is kept safe for wild animals in the city* » (Wolch et al., 1995 : 735). Le processus historique d'exclusion des animaux des villes a constitué l'une des thématiques privilégiées de la recherche sur les animaux et la ville en géographie (Philo, 1995), de même que la thématique de la conflictualité en lien avec la présence d'animaux en ville, ou dans des espaces en cours d'urbanisation (Gullo et Lassiter, 1998 ; Yeo et Neo, 2010).

La géographie animale a ouvert la voie aux réflexions théoriques, politiques et éthiques sur la ville comme un lieu cosmopolite de convivialité entre différents êtres vivants (van Dooren et Rose, 2012 ; Hinchliffe et Whatmore, 2006 ; Owens et Wolch, 2017 ; Wolch, 2002). Par contraste avec cette tendance à mettre l'accent sur les manières positives d'« être avec » (Haraway, 2008) les animaux, des travaux ont également exploré la difficulté à « compagnonner » (Livingston et Puar, 2011) avec certaines « créatures inconfortables » (*Awkward creatures*) (Ginn et al., 2014), telles que les limaces, à partir desquelles Franklin Ginn souligne la nécessité de penser, aussi, le détachement comme composante essentielle d'une éthique plus qu'humaine (Ginn, 2014).

Ce numéro spécial, en réunissant huit textes inédits sur les animalités urbaines (sept articles issus de recherches et un entretien avec la directrice de la maison d'édition Animal Debout), entend contribuer aux discussions sur les formes plurielles et ambivalentes que prend l'expérience négociée de la cohabitation entre humains et animaux, constitutives de la ville plus qu'humaine (voir aussi les numéros spéciaux : Brighenti et Pavoni, 2021 ; Ruddick et al., 2023). À travers l'emploi d'expressions comme celle de « voisinage » (voir Zask, 2020), de « coexistence », de « cohabitation interspécifique », et d'« expérience du vivre-ensemble », les textes font écho à

[1] On peut également citer deux catégories proches de synurbique : « synanthropique » se réfère à tout environnement anthropisé, dont la ville (Francis et Chadwick, 2012 ; Van Patter, 2022) ; « liminaire » a été forgée par des philosophes dans la perspective de l'élaboration d'une théorie politique des droits des animaux (Donaldson et Kymlicka, 2011).

des intensités d'interactions différentes, ainsi qu'à la manière dont les relations sont transformées par l'interaction.

Par la place qu'ils occupent, les spatialités qu'ils génèrent et les relations qui se nouent autour et avec eux, les animaux dont il est question dans ce numéro – sangliers (Chandelier et al., ce numéro; Marin et al., ce numéro), renards (Vanden Berghe, ce numéro), vaches (Garçon et al., ce numéro), goélands (Paulet et Leclercq, ce numéro), vers luisants (Chastant, ce numéro) et autres insectes (Clavel et al., ce numéro), et auxquels s'ajoutent notamment chiens, lapins, loups, serpents et singes des récits fictionnels (Salomon Cavin avec Georges et Simon, ce numéro) – sont principalement associés à une animalité aux statuts ambigus, «multiples et contradictoires» pour reprendre les termes de Manceron & Roué (2009). Dans les contributions, les animaux sont souvent décrits par les acteurs humains comme «gênants» (Garçon et al., ce numéro; Paulet et Leclercq, ce numéro), «nuisibles» (Clavel et al., ce numéro), «à problème» (Micoud et Bobbé, 2006, in: Chandelier et al., ce numéro; Marin et al., ce numéro) (Micoud et Bobbé, in: Chandelier et al., 2024; Marin et al., 2024) et source de «disservices» (Marin et al., ce numéro), ou de «désordre urbain» (Vanden Berghe, ce numéro). Ils font l'objet de plaintes (Garçon et al., ce numéro), notamment lorsque leur population est considérée comme trop importante comme dans le cas des goélands (Paulet et Leclercq, ce numéro), rappelant les travaux d'Alizé Berthier sur les oiseaux en ville (Berthier, 2019).

Simultanément, ces animaux peuvent être perçus et décrits comme des «victimes» des activités humaines (Garçon et al., ce numéro) ou d'une urbanisation vue comme néfaste (Chandelier et al., ce numéro) qui participerait de leur «désensauvagement» (Marin et al., ce numéro). À l'instar de ce que soulignent Manceron & Roué (2009), «*les lieux, les problèmes identifiés, les hommes* [sic] *et les animaux concernés forment des agencements conflictuels singuliers qui recouvrent à chaque fois des enjeux sociaux et environnementaux spécifiques*» (p. 5). La reproduction de formes de hiérarchisation du vivant, allant de la protection à l'extermination, se manifeste dans les spécificités propres à chaque espèce, mais aussi en fonction des espaces qu'elles occupent (Chandelier et al., ce numéro; Clavel et al., ce numéro) et de la diversité des acteurs et des actrices. Une même espèce peut alors générer des réactions allant du «rejet à l'empathie» (Paulet et Leclercq, ce numéro; Vanden Berghe, ce numéro). En même temps, la relation fait ressortir la configuration dynamique de ces statuts. C'est par exemple le cas lorsqu'un individu confronté quotidiennement à la présence d'un goéland développe au fil des interactions un attachement particulier avec cet individu (Paulet et Leclercq, ce numéro), ou bien dans le cas des moustiques qui deviennent utiles pour certains acteurs agricoles lorsqu'ils sont enrôlés comme agents de stérilisation de leurs congénères (Clavel et al., ce numéro). Boris Chastant (ce numéro) offre par ailleurs une perspective particulièrement originale en explorant les enjeux de coexistence avec des insectes – les vers luisants – historiquement caractérisés par leur invisibilité.

Nous résumons les contributions selon trois grands axes thématiques, qui n'épuisent pas la richesse des perspectives théoriques et empiriques ouvertes par chaque article.

Agentivité et urbanités transgressives des animaux

De manière générale, et d'un point de vue spatial, la littérature sur la présence animale en ville a invité «*à poser un regard renouvelé sur des objets classiques comme les limites, les réseaux ou les fonctions urbaines*» (Estebanez, 2015 : 126) tout en rejoignant les questions concernant d'autres espaces que les villes, et notamment la question de la juste place (ou «*proper place*») des animaux (Mauz, 2002 ; Philo, 1995). Des travaux antérieurs ont montré comment les marges urbaines en périphérie des villes (Gullo et Lassiter, 1998) ou les friches urbaines (Lorimer, 2008) constituent des espaces importants de rencontre et de frictions entre humains et animaux. Plusieurs articles du numéro spécial se focalisent sur des espaces urbains peu denses, les marges des villes (Garçon et al., ce numéro ; Vanden Berghe, ce numéro), ou le périurbain (Chandelier et al., ce numéro), et traitent de la circulation des animaux entre milieux urbains et ruraux qu'elle soit spontanée, ou liée à des politiques de gestion telles les trames vertes et bleues (Marin et al., ce numéro).

L'agentivité des animaux au sein des milieux urbains et périurbains ressort dans les contributions du numéro au sein duquel plusieurs articles illustrent la capacité d'individus ou de populations animales de sangliers, de goélands ou de vaches divagantes, à s'approprier ces espaces, à en utiliser les ressources et les infrastructures, et à questionner les pratiques de gestion en vigueur, soulignant leur pouvoir d'action sur la fabrique urbaine. Lucile Garçon et al. et Chloé Vanden Berghe (ce numéro) mettent en lumière à quel point les «espaces des animaux» (*animal spaces*) – les lieux et catégories d'assignation des animaux par les collectifs humains – et les «lieux bestiaux» (*beastly places*) – i. e. les géographies vécues et les espaces appropriés par les animaux eux-mêmes – sont interdépendants d'un point de vue historique et contemporain. Par exemple, l'urbanisation du renard dans la région bruxelloise prend sens à travers la prise en compte des changements paysagers, de l'évolution du statut du renard dans les réglementations juridiques, des modalités de gestion de l'épidémie de rage, et des capacités d'adaptation de certains individus.

De nombreux textes du numéro interrogent aussi la nature «hautement transgressive» de la présence animale en ville (Griffiths et al., 2000). Donne-t-elle à voir une ville transformée par l'animal ? L'entretien avec l'éditrice d'Animal Debout, Nathalie Georges (ce numéro), évoque comment des récits littéraires sur les futurs urbains imaginent l'effacement progressif d'une ville dominée par les humains au profit de territoires hybrides réinvestis par les faunes et les flores sauvages, mais au prix d'une mise à distance entre humains et animaux. À cet égard, la question des mobilités animales (Hodgetts et Lorimer, 2020) est un enjeu central de la production des spatialités transgressives. Plusieurs articles insistent sur la manière dont les espèces, par leur mobilité, interrogent et remettent en cause les catégories de ville et de campagne à partir desquelles sont forgés le statut, la fonction et le mode de régulation des collectifs plus qu'humains. Les recherches de Lucile Garçon et al. (ce numéro) montrent comment les bovins «divagants» en Corse, des animaux ni sauvages ni domestiques et aux origines et histoires très variées, transgressent les frontières villes-campagnes et ne trouvent de «juste place» (Mauz, 2002) ni dans les milieux ruraux, ni dans les milieux urbains. La présence des bovins dans l'agglomération de Bastia est perçue par une partie de la population comme un dysfonctionnent du système agricole, tandis que la présence de sangliers dans la métropole bordelaise est vécue comme un dérèglement de la nature urbaine, une transgression des fonctions et des usages de l'espace délimités par la frontière urbain-rural (Marin et al., ce numéro). Joanne Clavel et al., dans leur article consacré à l'entomofaune, définissent clairement les contours de cette transgression : «*Par leur nombre, leur diversité, leur petite taille, leur cycle biologique, leur mouvement, leur adaptabilité, les insectes transgressent et échappent sans cesse à ces assignations, jouant un rôle majeur en tant que producteurs d'espaces*» (p. 105). Les fictions urbaines «La Meute» (Orazy, 2020) et «Les ruines volontaires» (Fichet, 2023) soulignent elles aussi la porosité des frontières entre terres sauvages et milieux urbains, comme le rappelle Nathalie Georges.

De la multiplicité des relations aux modes de gestion

Si la «*cohabitation* [...] *peut être difficile et violente*» par exemple quand des renards investissent un espace urbain (Vanden Berghe, ce numéro: p. 23), plusieurs textes décrivent la transformation d'interactions entre humains et animaux au gré de différents types de rencontres, et la multiplicité des relations aux animaux selon que les espaces sont (intra)urbains ou périurbains. En s'appropriant des portions du territoire bruxellois, les renards contribuent au façonnement de la vie urbaine d'un point de vue matériel et sensoriel et transforment les modes d'interactions avec les habitant·e·s. L'article de Marie Chandelier et al. (ce numéro) illustre comment différents facteurs tels que les trajectoires résidentielles, les pratiques individuelles – comme la chasse –, et le lieu de la rencontre avec l'animal orientent les relations habitant·e·s à une espèce comme le sanglier. L'ethnographie numérique d'un programme de sciences participative autour des vers luisants en France menée par Boris Chastant (ce numéro) montre comment l'observation naturaliste «vernaculaire» peut constituer un mode d'attention et d'attachement envers les non-humains peu vus des humains et peu présents dans les représentations culturelles. Les recherches de Matiline Paulet et Maya Leclercq (ce numéro) soulignent aussi comment les humains et les goélands adaptent mutuellement leurs comportements, et comment dans certains cas, suite à la «fréquentation» régulière de l'oiseau et à l'engagement mutuel des corps, une cohabitation se met progressivement en place et se substitue à la confrontation. Au final, «*que ce soit dans l'affrontement ou dans le nourrissage, les humains sont transformés par la rencontre avec l'oiseau*» (p. 123).

Plusieurs textes du numéro spécial font écho à des formes de réenchantement qui pourraient aller de pair avec un réensauvagement de la ville. L'observation naturaliste des espèces animales dans ou depuis son espace domestique peut renforcer des formes d'attachement au vivant non humain (Chastant, ce numéro ; Paulet et Leclercq, ce numéro). L'écriture et la fiction pourraient participer à la construction de nouveaux imaginaires de cohabitation avec les animaux en ville (Salomon Cavin avec Georges et Simon, ce numéro). Dans la nouvelle, «Les ruines volontaires» (Fichet, 2023) de la collection *Fabuleux ZOOpuscules*, l'humanité a délibérément abandonné une ville – Saint-Brieuc – pour «faire place» aux animaux sauvages. Dans cette utopie, la ville devient le lieu de sociétés animales affranchies ; loup et singes investissent l'espace urbain dans un monde où l'humain a «*réussi à ne pas être partout*» (Fichet, 2023 : 14, in Salomon Cavin avec Georges et Simon, ce numéro).

Ces évolutions dans les relations invitent beaucoup d'auteurs et d'autrices du numéro à engager une réflexion sur les politiques de gestion des animaux en ville, de la protection à leur mise à mort, à l'instar des réponses cynégétiques apportées à l'augmentation du nombre des sangliers (Marin et al., ce numéro). Le texte de Joanne Clavel et al. (ce numéro) qui décrit, entre autres, la lutte menée contre des insectes considérés comme nuisibles dans l'espace métropolitain de Montpellier, interroge l'écologisation des pratiques de gestion, avec la réduction des interventions chimiques, et met en avant des liens continus entre santé des humains et santé des écosystèmes. Pour ces autrices, la notion d'écologisation des pratiques de gestion est envisagée de façon « inclusive » – avec des « *pratiques de spatialisation et de préservation de la nature, non-agir pour laisser-faire, techniques de mise à mort, orientations biotechnologiques, usages des pesticides* » (p. 90). L'article de Carole Marin et al. (ce numéro) rappelle les échecs et les insuffisances de certaines politiques de gestion, notamment dans le cas des sangliers dans la métropole bordelaise où une régulation très importante est pratiquée.

La question de la méconnaissance des populations animales et de leur comportement revient régulièrement dans les textes, et est parfois directement mise en relation avec des échecs dans les modes de gestion. À travers ses histoires d'anecdotes autour des vers luisants, Boris Chastant (ce numéro) montre que la mise à mort d'un animal peut être liée à des formes de méconnaissance de certaines espèces animales d'autant plus lorsqu'il ne s'agit pas de mammifères et d'oiseaux. Au sujet du bétail « divagant », Lucile Garçon et al. (ce numéro) expliquent que les acteurs connaissent peu cette catégorie d'animaux, et ne disposent pas de données chiffrées sur elles, sur les espèces et les individus qui la composent ; cela aboutit à la dépolitisation de cette présence animale et à des modifications de l'aménagement du territoire local sans réelle stratégie politique de gestion. De la même manière mais au sujet du sanglier à Bordeaux, Carole Marin et al. (ce numéro) mettent en avant un manque de connaissances sur le plan biologique, un manque de données sur le comportement des sangliers qui s'aventurent en ville, et même un manque de données sur les dégâts qui seraient provoqués par ces individus. Dans un contexte d'incertitude caractéristique des problèmes environnementaux, un espace de contestation s'ouvre sur la légitimité des savoirs et la distribution de la responsabilité entre les acteurs et actrices.

Des niveaux d'analyses et des approches méthodologiques diversifiées

Les textes réunis dans le cadre de ce numéro spécial reflètent la diversité méthodologique qu'appelait de ses vœux Henry Buller (2015) pour aborder une géographie plus qu'humaine et la relation humains-animaux. Malgré la multiplication des appels à aller au-delà des approches représentationnelles, plusieurs textes de notre numéro illustrent comment l'approche des représentations par le biais de l'analyse de sources écrites ou de matériaux produits dans le cadre d'enquêtes par entretiens peut encore contribuer à éclairer les relations complexes entre humains et animaux et ce, d'autant plus lorsque les données sur les populations et les comportements des animaux manquent comme par exemple à Bordeaux dans le cas des sangliers (Marin et al., ce numéro). Les représentations humaines des animaux et des relations humains-animaux peuvent être abordées à travers l'analyse de textes littéraires, en mobilisant la zoopoétique (Simon, 2021), mais aussi à partir de l'étude des propos d'acteurs et d'actrices via des enquêtes par questionnaires (Chandelier et al., ce numéro) ou entretiens (Chandelier et al., ce numéro; Clavel et al., ce numéro; Garçon et al., ce numéro; Marin et al., ce numéro; Paulet et Leclercq, ce numéro), ou de discours rapportés dans la presse (Chandelier et al., ce numéro; Garçon et al., ce numéro). Ces matériaux restent particulièrement adéquats pour montrer une diversité et pluralité des représentations et de pratiques, notamment dans des situations de conflits.

Malgré cette entrée par les représentations, la matérialité et l'agentivité des animaux sont prises en compte de plusieurs manières, notamment en portant une attention symétrique aux mondes humains et non humains ainsi que le préconisait Henry Buller (2015). Suivant une approche plus qu'humaine, cherchant à «*assouplir les limites dichotomiques entre les sciences sociales et naturelles pour mieux tenir compte de la présence animale*», Chloé Vanden Berghe (ce numéro: p. 19) a combiné les outils des sciences sociales et de l'éthologie (voir aussi Barua et Sinha, 2019; Hodgetts et Lorimer, 2020) en partant du principe que des animaux, tels les renards bruxellois, en tant que sujets agissants, coproduisent l'espace urbain. C'est ainsi que pour se rendre sensible à l'expérience que les renards font de leur environnement, l'autrice n'hésite pas à pratiquer elle-même l'observation directe d'animaux. Combinant différentes techniques d'observation – d'une présence prolongée sur le terrain à l'usage des pièges photographiques – afin d'apprendre à identifier les individus, à interpréter leurs traces et comportements observés et à construire une juste distance pour acculturer les renards à sa présence discrète; les analyses que ces méthodes permettent de produire, «*loin de rivaliser avec les sciences naturelles, viennent compléter l'état des connaissances en posant d'autres questions et en apportant d'autres réponses*» (Vanden Berghe, ce numéro: p. 29-30), ouvrant ainsi un riche espace de discussion épistémologique, en particulier lorsqu'elles sont articulées à une démarche ethnographique.

Une place importante est d'ailleurs faite à des formes originales d'ethnographie dans les articles du numéro, invitant à suivre les animaux et les humains, à s'installer avec, et même parfois chez eux, pour observer de près les ajustements individuels qu'ils réalisent pour coexister avec des goélands (Paulet et Leclercq, ce numéro), ou observer les pratiques d'habitant·e·s et des formes d'attachement au travers des traces numériques produites à l'occasion d'un programme de sciences participatives (Chastant, ce numéro). Ce suivi est souvent combiné avec des recherches documentaires, y compris de documents juridiques notamment pour cerner les contours des politiques de gestion des animaux divagants en Corse, ou avec des enquêtes historiques pour suivre l'arrivée d'une population de renards et de ses mouvements en relation avec l'urbanisation, ou pour retracer l'évolution d'une coexistence historique millénaire entre les humains et les discrets vers luisants. La diversité des sources écrites mobilisées pour explorer les «traces» animales invite à poser un regard renouvelé sur ces matériaux d'enquête en sciences sociales, et à approfondir la question de leur statut méthodologique, de leurs modalités de croisement et de leur mode d'interprétation dans le cadre d'une géographie animale.

Si l'essentiel des articles du numéro s'appuie sur des études de cas localisées en lien avec des espaces urbains spécifiques (par exemple Montpellier, Lorient ou Sète) ou même microlocalisées à l'échelle d'un quartier (comme celui du bois de la Grappe à Bruxelles), certains travaux proposent d'aborder des échelles plus larges et s'inscrivent dans des démarches de recherche plus extensives (Chandelier et al., ce numéro ; Chastant, ce numéro) ; certains matériaux, comme la presse locale et nationale par exemple, permettent de croiser différentes échelles, et de mettre ainsi en exergue différents discours et positionnements vis-à-vis de la gestion et de la conservation d'espèces « à problèmes » comme les sangliers (Chandelier et al., ce numéro).

En conclusion, ce panel diversifié de textes inspirés par différentes perspectives conceptuelles et méthodologiques illustre la richesse des recherches francophones sur la cohabitation humains-animaux sauvages en ville, dans un contexte où ce sont avant tout les « services » rendus par la nature en ville, souvent limitée au végétal, qui sont de plus en plus mis à l'agenda politique en lien avec le changement climatique et l'érosion de la biodiversité.

Les approches critiques mettant en avant une animalité sauvage urbaine conquérante, dérangeante et transgressive déployées dans ce numéro nous invitent à poursuivre des recherches et des échanges scientifiques rendus d'autant plus nécessaires à l'heure où ces questionnements peuvent faire l'objet d'une dépolitisation.

Cette collection d'articles correspond à un long et stimulant processus éditorial, émaillé de nombreux échanges. Nous aimerions remercier les vingt-deux auteurs et autrices pour leurs contributions passionnantes, ainsi que les vingt et un évaluateurs et évaluatrices anonymes qui ont donné de leur temps pour ce numéro spécial.

Bibliographie

Barua Maan et Sinha Anindya, 2019 : « Animating the urban : an ethological and geographical conversation », *Social & Cultural Geography* 20(8), 1160-1180.

Berthier Alizé, 2019 : *Oiseaux urbains ? Les conditions d'une cohabitation humains–animaux dans le Grand Paris*, thèse de doctorat, Université Paris 1–Panthéon Sorbonne.

Bosworth Kai, 2022 : « The bad environmentalism of "nature is healing" memes », *Cultural geographies* 29(3), 353-374.

Brighenti Andrea Mubi et Pavoni Andrea, 2021 : « Situating urban animals – a theoretical framework », *Contemporary Social Science* 16(1), 1-13.

Buller Henry, 2015 : « Animal geographies II : Methods », *Progress in Human Geography* 39(3), 374-384.

Chandelier Marie, Nikonoff Yann, Oliver Zoé, Goreau-Ponceaud Anthony et Lemoigne Nicolas, ce numéro : « Représentations médiatiques et habitantes de la présence du sauvage en ville. le cas du sanglier », *Géo-Regards* 16.

Chastant Boris, ce numéro : « Coexister avec les vers luisants. Histoires d'anecdotes », *Géo-Regards* 16.

Clancy Cara, 2021 : « More-than-human territoriality : the contested spaces and beastly places of Canada geese in Europe's largest urban wetland », *Urban Geography* 44(10), 2098-2120.

Clavel Joanne, Blanc Nathalie, Leandro Camila et Boulenger Laurane, ce numéro: «Vies et morts des insectes, gestions contemporaines de l'entomofaune», *Géo-Regards* 16.

Derryberry Elizabeth P., Phillips Jennifer N., Derryberry Graham E., Blum Michael J. et Luther David, 2020: «Singing in a silent spring: Birds respond to a half-century soundscape reversion during the COVID-19 shutdown», *Science* 370(6516), 575-579.

Donaldson Sue et Kymlicka Will, 2011: *Zoopolis: A Political Theory of Animal Rights*, Oxford, Oxford University Press.

Dooren Thom van et Rose Deborah Bird, 2012: «Storied-places in a multispecies city», *Humanimalia* 3(2), 1-27.

Estebanez Jean (dir.), 2015: «Dossier: animaux dans la ville 1», *Histoire urbaine* 3(44), 196.

Estebanez Jean, Gouabault Emmanuel et Michalon Jérôme, 2013: «Où sont les animaux? Vers une géographie humanimale», *Carnets de géographes* 5.

Fichet Alexis, 2023: «Les Ruines volontaires», in: *Fabuleux ZOOpuscules*, Rennes, Animal Debout.

Fiske Amelia, Radhuber Isabella M., Salvador Consuelo Fernández, Araújo Emilia Rodrigues, Jasser Marie, Saxinger Gertrude, Zimmermann Bettina M. et Prainsack Barbara, 2024: «Don't waste the crisis: The COVID-19 Anthropause as an experiment for rethinking human–environment relations», *Environment and Planning E: Nature and Space*, 0(0). https://doi.org/10.1177/25148486231221017

Francis Robert A. et Chadwick Michael A., 2012: «What makes a species synurbic?», *Applied Geography* 32(2), 514-521.

Garçon Lucile, Doré Antoine, Gisclard Marie et Trabucco Bastien, ce numéro: «Remettre les vaches à leur place. Les animaux divagants, à l'ombre d'un marronnier corse», *Géo-Regards* 16.

Gibbs Leah, 2022: «COVID-19 and the animals», *Geographical Research* 60(2), 241-250.

Ginn Franklin, 2014: «Sticky lives: slugs, detachment and more-than-human ethics in the garden», *Transactions of the Institute of British Geographers* 39(4), 532-544.

Ginn Franklin, Beisel Uli et Barua Maan, 2014: «Flourishing with Awkward Creatures: Togetherness, Vulnerability, Killing», *Environmental Humanities* 4(1), 113-123.

Gordo Oscar, Brotons Lluís, Herrando Sergi et Gargallo Gabriel, 2021: «Rapid behavioural response of urban birds to COVID-19 lockdown», *Proc. R. Soc. B 288*: 20202513. https://doi.org/10.1098/rspb.2020.2513

Griffiths Huw, Poulter Ingrid et Sibley David, 2000: «Feral cats in the city», in: Philo Chris et Wilbert Chris (dir.), *Animal spaces, beastly places*, London; New York, Routledge, 56-70.

Gullo A. et Lassiter U., 1998: «Chapter 7 The Cougar's Tale», in: Wolch Jennifer et Emel Jody (dir.), *Animal Geographies: Place, Politics and Identity in the Nature-Culture Borderlands*, London, Verso.

Haraway Donna J., 2008: *When Species Meet*, U of Minnesota Press.

Hinchliffe Steve et Whatmore Sarah, 2006: «Living cities: Towards a politics of conviviality», *Science as Culture* 15(2), 123-138.

Hodgetts Timothy et Lorimer Jamie, 2020: «Animals' mobilities», *Progress in Human Geography* 44(1), 4-26.

Hovorka Alice, McCubbin Sandra et Van Patter Lauren, 2021: *A Research Agenda for Animal Geographies*, Edward Elgar.

Livingston Julie et Puar Jasbir K., 2011 : « Interspecies », *Social Text* 29 1(106), 3-14.

Lorimer Jamie, 2015 : *Wildlife in the Anthropocene : Conservation after Nature*, University of Minnesota Press.

Lorimer Jamie, 2012 : « Multinatural geographies for the Anthropocene », *Progress in Human Geography* 36(5), 593-612.

Lorimer Jamie, 2008 : « Living Roofs and Brownfield Wildlife : Towards a Fluid Biogeography of UK Nature Conservation », *Environment and Planning A : Economy and Space* 40(9), 2042-2060.

Manceron Vanessa et Roué Marie, 2009 : « Les animaux de la discorde », *Ethnologie française* 39(1), 5-10.

Manenti Raoul, Mori Emiliano, Di Canio Viola, Mercurio Silvia, Picone Marco, Caffi Mario, Brambilla Mattia, Ficetola Gentile Francesco et Rubolini Diego, 2020 : « The good, the bad and the ugly of COVID-19 lockdown effects on wildlife conservation : Insights from the first European locked down country », *Biological conservation* 249, 108728.

Marin Carole, Couderchet Laurent et Lemoigne Nicolas, ce numéro : « Le sanglier urbain, impossible cohabitation ? Les disservices et le désarroi bordelais », *Géo-Regards* 16.

Maris Virginie, 2018 : *La part sauvage du monde : penser la nature dans l'Anthropocène*, Paris, Éditions du Seuil.

Mauz Isabelle, 2002 : « Les conceptions de la juste place des animaux dans les Alpes françaises », *Espaces et sociétés* 110-111(3), 129-146.

Micoud André et Bobbé Sophie, 2006 : « Une gestion durable des espèces animales est-elle possible avec des catégories naturalisées ? », *Natures Sciences Sociétés*, Supplément 1, 32-35.

Nunès Eric, 2020 : « "Être confiné avec des cafards, c'est terrible" : à Villeneuve-d'Ascq, les étudiants à l'abandon », *Le Monde*, 21 avril.

O'Connor Terry, 2017 : « Commensal Species », in : Kalof Linda (dir.), *The Oxford Handbook of Animal Studies*, Oxford University Press, 524-541.

Orazy Florian, 2020 : « La Meute », in : *Fabuleux ZOOpuscules*, Rennes, Animal Debout.

Owens Marcus et Wolch Jennifer, 2017 : « Lively Cities : People, Animals, and Urban Ecosystems », in Kalof Linda (dir.), *The Oxford Handbook of Animal Studies*, Oxford University Press, 541-570.

Paulet Matiline et Leclercq Maya, ce numéro : « L'humain et le goéland en ville : quand des interactions modifient les pratiques et les représentations des citadins vis-à-vis de l'oiseau », *Géo-Regards* 16.

Philo Chris, 1995 : « Animals, Geography, and the City : Notes on Inclusions and Exclusions », *Environment and Planning D : Society and Space* 13(6), 655-681.

Ruddick Sue, Bunce Susannah, Clancy Cara, Clement Bronwyn, Casellas Connors John Patrick, Fawcett Leesa, Gianotti Anne Short, Johnston Jacquelyn J. et Luther Erin, 2023 : « Animating the urban : between infrastructure and encounter », *Urban Geography* 44(10), 2063-2079.

Rutz Christian, Loretto Matthias-Claudio, Bates Amanda E., Davidson Sarah C., Duarte Carlos M., Jetz Walter, Johnson Mark, Kato Akiko, Kays Roland, Mueller Thomas, Primack Richard B., Ropert-Coudert Yan, Tucker Marlee A., Wikelski Martin et Cagnacci Francesca, 2020 : « COVID-19 lockdown allows researchers to quantify the effects of human activity on wildlife », *Nature Ecology & Evolution* 4(9), 1156-1159.

Salomon Cavin Joëlle, avec Georges Nathalie et la participation de Simon Anne, ce numéro : « Imaginaires urbains des fabuleux ZOOpuscules. Entretien avec Nathalie Georges, directrice de la maison d'édition Animal Debout », *Géo-Regards* 16.

Searle Adam, Turnbull Jonathon et Lorimer Jamie, 2021 : « After the anthropause : Lockdown lessons for more-than-human geographies », *The Geographical Journal* 187(1), 69-77.

Seress Gábor, Sándor Krisztina, Vincze Ernő, Pipoly Ivett, Bukor Boglárka, Ágh Nóra et Liker András, 2021 : « Contrasting effects of the COVID-19 lockdown on urban birds' reproductive success in two cities », *Scientific Reports* 11(1), 17649 (2021). https://doi.org/10.1038/s41598-021-96858-8

Simon Anne, 2021 : *Une bête entre les lignes. Essai de zoopoétique*, Marseille, Wildproject.

Urbanik Julie, 2012 : *Placing animals : An introduction to the geography of human-animal relations*, Rowman & Littlefieldi.

Van Patter Lauren E., 2022 : « Toward a More-Than-Human Everyday Urbanism : Rhythms and Sensoria in the Multispecies City », *Annals of the American Association of Geographers* 113(4), 913-932.

Vanden Berghe Chloé, ce numéro : « Vivants dans la ville. Les renards roux du bois de la Grappe (Région de Bruxelles-Capitale) », *Géo-Regards* 16.

Vardi Reut, Berger-Tal Oded et Roll Uri, 2021 : « iNaturalist insights illuminate COVID-19 effects on large mammals in urban centers », *Biological Conservation* 254, 108953.

Whatmore Sarah, 2002 : *Hybrid geographies : natures, cultures, spaces*, London, Thousand Oaks, Calif, SAGE.

Wolch J. R., West K. et Gaines T. E., 1995 : « Transspecies urban theory », *Environment and Planning D-Society & Space* 13(6), 735-760.

Wolch Jennifer, 2002 : « Anima urbis », *Progress in Human Geography* 26(6), 721-742.

Wolch Jennifer R. et Emel Jody, 1998 : *Animal Geographies : Place, Politics, and Identity in the Nature-culture Borderlands*, London, Verso.

Yeo Jun-Han et Neo Harvey, 2010 : « Monkey business : human–animal conflicts in urban Singapore », *Social & Cultural Geography* 11(7), 681-699.

Zask Joëlle, 2020 : *Zoocities*, Paris, Premier parallèle.

Vivants dans la ville
Les renards roux du bois de la Grappe
(Région de Bruxelles-Capitale)

Chloé Vanden Berghe,
Centre d'anthropologie culturelle (CAC),
Laboratoire interdisciplinaire en études urbaines (LIEU),
Mondes modernes et contemporains (MMC),
Université libre de Bruxelles (ULB),
Fonds national pour la recherche scientifique (FNRS),
chloe.vanden.berghe@ulb.be

Résumé

*Cet article retrace l'histoire des renards roux (*Vulpes vulpes*) en Région de Bruxelles-Capitale pour analyser les « lieux bestiaux », c'est-à-dire la ville vécue du point de vue des animaux, à partir d'une méthodologie liant les outils éthologiques avec ceux des sciences sociales. Il s'agit d'expliquer l'installation des renards dans la ville pour resserrer ensuite la focale sur un espace en particulier, le bois de la Grappe. Cette cité-jardin, habitée par plusieurs groupes de renards, révèle les réseaux urbains des animaux et leur fabrique de la ville. En résumé, cet article vise à éclairer les modalités de présence, de cohabitation et de transformation de l'espace par les animaux, dans un territoire densément partagé.*

***Mots-clés** : renard roux, renard urbain, ethnographie multiespèces, géographie animale, lieux bestiaux.*

Introduction

« *Je m'engouffre dans le petit bois indiqué et prends un chemin qui descend le long d'un grillage et qui se ramifie. Je ne vois d'abord que les déchets – plastiques, métalliques et organiques – qui parsèment le sol, et zigzague maladroitement entre les restes de papiers toilette souillés et abandonnés aux mouches. Rien qui ne concerne des renards. J'entends bien l'avifaune, je vois des merles, j'effraye*

DOI: 10.33055/GEOREGARDS.2023.016.17

de bruyants pigeons ramiers (beaucoup de pigeons ramiers) et dérange des mésanges charbonnières. Des oiseaux, il y en a, et leurs chants pétillent, leurs ailes claquent et leurs cris éclatent ; leurs manifestations de présence sont loin d'être modérées. Mais des renards, je ne vois rien, je n'entends rien, je ne sens rien. Puis, en descendant vers un jardin privé, la vie des goupils m'apparaît soudain. Une première entrée d'un terrier échancre le sol. Une deuxième, une troisième, une quatrième. J'avais marché sur l'une des galeries quelques instants plus tôt sans m'en rendre compte. Un deuxième terrier, un peu plus loin. Une, deux, trois, quatre, cinq entrées. Des sentiers surgissent pour tracer un réseau entre les bouches. Des empreintes de goupils, partout. Un excrément. Une odeur désagréable m'assaille les narines, rauque, musquée. La littérature scientifique dit que si on sent un renard une fois, on n'oublie plus jamais son odeur. À la fréquentation de cette partie du bois, je devine que des gens doivent emprunter ces chemins tous les jours sans remarquer cette présence dévoilée par une certaine attention à la forme de la végétation, à l'envers des talus. Moi-même, j'ai cru la zone vide et voici qu'une multitude de traces surgissent du sol pour révéler un lieu habité et aménagé, foisonnant d'empreintes du quotidien.» Carnet de terrain, 22 mai 2022

La conception de la modernité tend à fantasmer l'idée d'un «homme» sans attache, sans limite, planant au-dessus du monde vivant avec l'étrange conviction d'être seul (Latour, 2017). Mais celui-ci se heurte bientôt aux violents rappels de sa condition, générés par la destruction de son environnement familier et par l'épuisement des ressources qui jadis le propulsaient au sommet. Les analyses de Bruno Latour (1991) sur la modernité, pensée comme le résultat d'un Grand Partage entre la nature et la culture, nous enseignent qu'intervenir dans la production des connaissances portant sur le sort réservé aux vivants qui nous entourent implique d'envisager une nouvelle approche se refusant à considérer séparément les mondes humains de ceux des autres vivants, «*précisément parce que ces mondes ne sont pas étanches*» (Kohler, 2012).

Ces dernières décennies ont vu émerger des propositions pour dépasser les dichotomies servant à séparer les mondes humains et animaux (Latour, 1991 ; Descola, 2005 ; Haraway, 2008). En 1993, Barbara Noske appelait à appliquer une approche ethnographique à l'étude des animaux. Sept ans plus tard, Chris Philo et Chris Wilbert (2000) publiaient un ouvrage collectif phare dans lequel ils proposent une distinction précieuse entre deux grands axes de recherche. Le premier, «les espaces animaux» («*animal spaces*»), qui a inspiré de nombreux travaux, décrit l'ordonnancement spatial des animaux par les humains. Le second, les «lieux bestiaux» («*beastly places*»), bien plus timidement repris, renvoie aux géographies vécues et aux expériences faites par les animaux eux-mêmes dans leurs lieux de vie.

Vingt-cinq ans plus tard, et malgré l'intensification de travaux éthologiques allant en ce sens (Strum et Latour, 1987 ; De Waal, 1999 ; Bekoff et Pierce, 2010 ; Ward et Webster, 2016), seuls de modestes progrès ont été faits en sciences sociales pour travailler à partir des animaux eux-mêmes (Hodgetts et Lorimer, 2015 ; Abrell et Gruen, 2020). Thimothy Hodgetts et Jamie Lorimer (2015) proposent d'expliquer ce contraste en invoquant des raisons d'ordre méthodologique : tandis qu'une panoplie d'outils existe pour approfondir le côté humain des relations entre les humains et les animaux, un déficit se fait sentir dès qu'il s'agit de s'intéresser aux animaux eux-mêmes (Seymour et Wolch, 2010; Hodgetts et Lorimer, 2015: 286; Hovorka et al., 2021: 8-9).

Parmi la multiplicité des approches proposées pour assouplir les limites dichotomiques entre les sciences sociales et naturelles pour mieux tenir compte de la présence animale – allant de l'ethnographie multiespèces (Kirksey et Helmreich, 2010; Smart, 2014) à l'ethnoéthologie (Lestel et al., 2006; Lescureux, 2006; Locke, 2017), en passant par l'ethnométhodologie et les analyses interactionnistes (Vicart, 2010; Mondémé, 2018) – ce sont les invitations à mêler les outils éthologiques avec les outils classiques des sciences sociales qui ont retenu mon attention (Abrell et Gruen, 2020; Candea, 2018; Seymour et Wolch, 2010). Hodgetts et Lorimer (2015: 287) regrettent que la plupart des tentatives rechignent à franchir le pas des observations directes d'animaux. Cette résistance (Michalon et al., 2016), voire cette franche objection (Digard, 2012), suscite l'étonnement si l'on sait que finalement, les observations directes faites par les éthologues sur leur terrain (Goodall, 1971; Rowell, 1973; Strum, 1987; Smuts, 2001) sont à bien des égards assez analogues aux méthodes ethnographiques appliquées aux humains (Hodgetts et Lorimer, 2015: 287). L'incorporation des données de première main en sciences sociales n'est par ailleurs ni opposée ni incompatible avec les principes de l'éthologie, qui se définit par un champ (le comportement animal) mais aussi par une méthode (celle de la biologie), et qui par ailleurs n'a jamais eu la volonté ni l'ambition de monopoliser à elle seule les observations directes (Tinbergen, 1963). Les sciences sociales disposent d'outils qui posent d'autres questions aux animaux, en particulier dans les champs de la socialité, de la culture et des relations interspécifiques. L'ouverture de ces disciplines à l'étude des animaux revient à les élargir, non à les rétrécir (Servais, 2012).

Quelques auteurs et autrices en sciences sociales ont déjà pris cette voie. Citons Janet Alger et Steven Alger (1999) qui ont observé et identifié des chats, Christopher Bear (2011) qui a rencontré un poulpe, Florent Kohler (2012) qui s'est adonné à l'exercice avec des Blondes d'Aquitaine, Marcus Baynes-Rock (2015) qui a suivi des hyènes urbaines, John Hartigan (2020) qui a analysé la socialité de chevaux sauvages et Lauren Van Patter (2021) qui a étudié et surveillé des chacals urbains. Parmi ces travaux, les deux derniers sont issus d'une collaboration avec les sciences naturelles.

Je propose dans cet article les premiers résultats de ma thèse de doctorat, qui entend pousser le plus loin possible la question des « lieux bestiaux » par une approche combinant les outils issus des sciences naturelles et des sciences sociales. Il s'agit ainsi de franchir le pas de la production de données de première main et de proposer des méthodes multidisciplinaires pour faciliter notre compréhension des animaux urbains – ce que l'urbanité leur fait, et ce qu'ils font à la vie urbaine.

Malgré des études prolifiques portant sur les renards roux (*Vulpes vulpes*) habitant les villes (en particulier dans le champ anglo-saxon), les analyses portant sur leurs processus d'urbanisation sont encore faiblement produites (Vuorisalo et al., 2014: 110). Les goupils vivant en Région de Bruxelles-Capitale (RBC) présentent deux caractéristiques intéressantes: leur densité est élevée et ils y sont strictement protégés depuis 1991. Pourtant, ils n'ont fait l'objet que de rares travaux en sciences

Figure 1 : Lune allaitant au terrier (Chloé Vanden Berghe, mai 2023).

naturelles (le dernier remonte à presque vingt ans) et d'un seul en sciences sociales (Strivay et Mathieu, 2014). Les questions que je souhaite adresser sont les suivantes : comment les goupils participent-ils à la fabrication des lieux ? Autrement dit, comment s'expriment leurs présences dans le paysage urbain, et comment ces manifestations s'imbriquent dans les infrastructures et dans la vie des habitant·e·s ? Comment s'insèrent-elles ou résistent-elles aux aménagements ?

Les analyses produites dans cet article résultent de méthodes multidisciplinaires réalisées dans le cadre de ma thèse. Des entretiens sociologiques de type semi-directif ont tout d'abord été effectués avec les habitant·e·s et les représentant·e·s d'institution ou d'association ayant un contact avec les renards en RBC. Les documents historiques, les archives électroniques des principaux médias belges et les archives de revues naturalistes m'ont permis de retracer l'histoire des renards dans les environs de la capitale. La focale a ensuite été placée sur un terrain plus circonscrit, encore jamais étudié, large de quelques hectares : la Cité-jardin Messidor et son « bois de la Grappe ». Dans cette zone, plus de 250 heures d'observation ont été réalisées pour mettre en lumière le quotidien d'un groupe de renards et de son voisinage. Ces observations étaient effectuées de nuit (min. 22 h, max. 5 h), environ deux fois par semaine, entre juin 2022 et mai 2023, en suivant la méthode d'échantillonnage *ad libitum*[1] complémentée par l'ethnographie. Une dizaine de caméras pour la faune (fonctionnant avec des LED infrarouges) a également été placée sur le site, dans des zones de nourrissage, à proximité des terriers et sur des chemins fréquentés par les animaux.

Cet article, qui reprend les résultats préliminaires de ma thèse de doctorat, retrace l'histoire des renards en RBC pour resserrer ensuite la focale sur ce quartier particulier. En analysant les manifestations de présence, l'objectif consiste à illustrer des expériences d'animaux ainsi que leur effet sur le bâti de la ville et dans la vie des habitant·e·s. En résumé, il s'agit d'un essai pour considérer les lieux vécus par les « bêtes » dans un territoire densément partagé.

S'INSTALLER EN VILLE

Le renard roux, indigène, a longtemps été relativement commun dans toute la Belgique, et ce malgré les chasses féroces lancées à son encontre au cours des derniers siècles (DEBY, 1848 : 65 ; SELYS, 1842 : 7 ; MANN, 1785 : 71). Dans les environs de Bruxelles, l'espèce a trouvé refuge dans la Forêt de Soignes, le massif forestier situé au sud-est de la ville. À l'instar d'autres mammifères (PIERRON, 1935), la chasse a entraîné des fluctuations des populations de renards (ARTOIS et RIVAIS, 1996 : 53) et il a été question d'éradication à la fin du XVIIIe siècle dans le Département de la Dyle[2] – d'où ils sont discrètement réapparus ensuite (EMSDD, 1805 : 67).

Un siècle plus tard, l'espèce ne se trouve plus qu'accidentellement en Forêt de Soignes (STEVENS et VAN DER SWAELEN, 1914 : 142). Hellin de Wavrin, naturaliste et ornithologue, parle d'une élimination complète de la région, un individu isolé ayant été trouvé et tué en 1925 (DE WAVRIN, 1976 : 41). Les quelques comptes rendus reprenant la liste des mammifères chassés en Forêt de Soignes, publiés dans la revue associative *Soignes/Zönien*, nous enseignent que la situation n'évolue pas entre 1935 et 1950.

Les premiers signes du retour des renards remontent à 1950 (BE, 1994 : 93). Cette réapparition est corrélée à deux incidents survenus aux alentours de 1946 : des individus s'échappent d'un élevage et des renards domestiques sont relâchés

---

[1] La méthode d'échantillonnage *ad libitum*, utilisée en éthologie, est très commune et plutôt libre, permettant à l'observateur·trice de noter autant d'informations qu'iel le peut. Elle est presque systématiquement utilisée sur des terrains dont les conditions de visibilité sont mauvaises ou dans des recherches préliminaires portant sur des animaux peu connus. La nature fragmentée des observations de renards en RBC explique l'attrait pour la méthode *ad libitum*. Après quelques mois de terrain, je l'ai supplémentée par la *Sociometric matrix*, une méthode d'échantillonnage permettant de faire des observations additionnelles de dyades ou de triades, dans le cadre de recherches portant sur la socialité, par exemple. Les résultats de la *Sociometric matrix* n'ont pas été mobilisés dans le cadre de cet article. Pour plus d'informations sur les méthodes d'échantillonnage en éthologie, voir ALTMANN, 1974 et DARMAILLACQ et LEVY, 2019.

[2] Le département de la Dyle défini par le régime français (1892-1815) correspond à l'ancienne Province de Brabant (1815-1994). Bruxelles en était le chef-lieu.

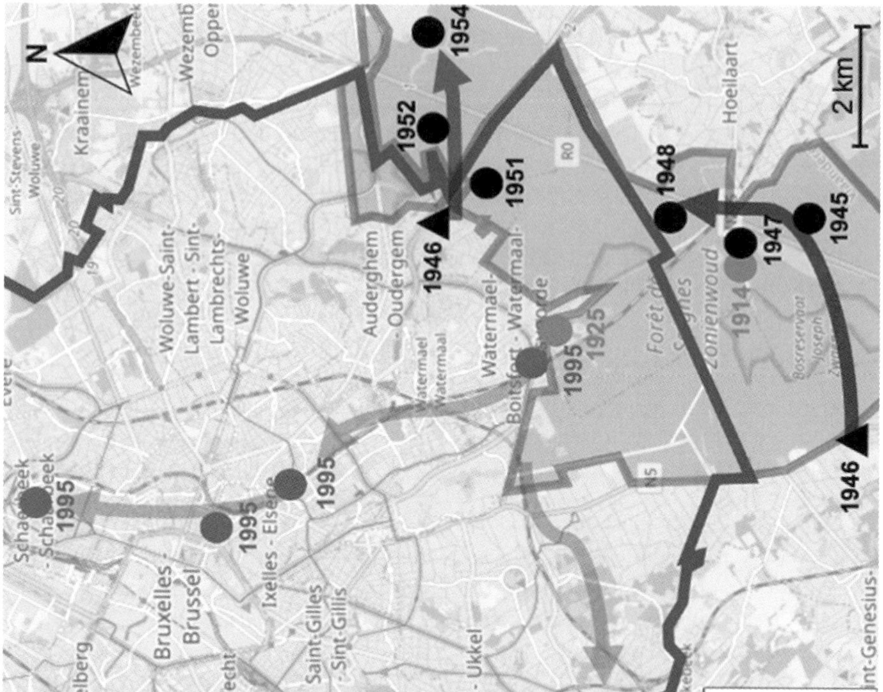

Carte 1 : Progression des renards en RBC (Chloé Vanden Berghe depuis Openstreetmap.org).

à quelques kilomètres. Ces deux souches issues d'élevage se mêlent à d'autres individus apparaissant simultanément des milieux ruraux (De Wavrin, 1976: 41). En 1960, les densités sont encore très faibles (BE, 1994: 93), le tir d'un goupil étant presque considéré comme un événement cynégétique (Brochier, 1989: 497). Massacrés par un garde-chasse de 1967 à 1969 (Soignes, 1969: 16), les renards bénéficient ensuite d'une protection dans le massif après une intervention énergique d'un ingénieur auprès des Eaux et Forêts (De Wavrin, 1976: 43). Cet élément, qui coïncide avec les campagnes d'éradication contre la rage en Belgique, s'explique par le fait que la zoonose reste confinée au sud du sillon Sambre-et-Meuse et n'affecte pas Bruxelles.

Il semblerait que cette mesure ait porté ses fruits, puisque la population a commencé à se stabiliser durant les années 1970 et à se disperser hors de la forêt (de Wavrin, 1976: 44), réalisant probablement des incursions précoces à Bruxelles (Beck, 2013). En 1989, la densité dans les zones suburbaines atteint un adulte pour 100 hectares (Brochier, 1989).

En 1991, l'Ordonnance relative à la conservation de la nature abroge la chasse et interdit de tuer, blesser ou capturer les espèces indigènes dont fait partie le renard. En 1995, les goupils jusque-là cantonnés au sud et à l'est de la ville s'avancent au nord (Robert et Marton, 1995; Wagner, 1995). Leur déplacement est facilité par le réseau ferroviaire qui relie les communes du sud-est avec celles du nord-est, en passant par le quartier européen, proche du Pentagone conscrivant le Centre-Ville, où ils sont bien installés (Munster, 1999).

En 1997, un article publié à l'Institut royal des sciences naturelles de Belgique (IRSNB) atteste de leur présence, certes peu abondante mais désormais observée dans presque tous les types d'espaces verts de la capitale (Devillers et Devillers-Terschuren, 1997: 157). S'ils sont plus confiants sous haut couvert végétal (Gil-Fernandez, 2018), ils évitent quelques types spécifiques de milieux: les zones complètement bétonnées et les espaces verts dans le centre urbain (Devillers et Devillers-Terschuren, 1997: 157). Ce constat coïncide avec des observations effectuées en Grande-Bretagne et s'explique par l'aménagement trop important de ces lieux (Scott et al., 2014). À partir de 1997, les anciens coups de fusil et les gazages se font remplacer par des boulettes empoisonnées, déposées dans des parcs par des habitant·e·s mécontent·e·s de cette présence répandue et protégée (Chalklin, 1997; Claeys, 1998; Haquin, 2007). Ces procédés marquent le début d'une cohabitation qui peut être difficile et violente, et ils se prolongeront jusqu'à aujourd'hui (Sudinfo, 2020).

En 2020, les renards occupaient 82 % de la surface du territoire de la RBC (BE, 2020: 2) – contre 35 % en 2004 (De Blander et al., 2004: 9). La tendance est clairement à l'occupation de jardins privés et de lieux marginaux (De Blander et al., 2004: 19), ce qui coïncide encore avec les constats précédents (Devillers et Devillers-Terschuren, 1997) et avec les observations effectuées dans d'autres capitales (Kimmig, 2021).

Esquisser l'histoire de la population vulpine dans un espace particulier – en l'occurrence, une grande ville – apporte des indications sur les renards eux-mêmes. Densément chassés dans l'objectif d'être éradiqués – c'est bien l'une des espèces « les plus nuisibles du pays » (Deby, 1848: 67) – les renards témoignent d'une grande plasticité dans leurs comportements et leur organisation sociale (Henry, 2004 ; Meia, 1994 ; Dorning, 2016). Celle-ci explique en partie leur expansion dans de nombreux écosystèmes, y compris urbains (Gil-Fernandez et al., 2020 : 7) ainsi que leur résistance à la persécution (Bijl et Csanyi, 2022 : 49). Le cas de la RBC nous apprend qu'ils réapparaissent là où ils avaient précédemment disparu et se sont faufilés dans les marges des infrastructures urbaines où leur population s'est développée. Zigzaguant entre les périodes et les espaces, ils se sont approprié les lieux et les ont transformés.

Habiter le bois de la Grappe

Mes premières recherches sur le bois de la Grappe, situé dans le sud de la Région, ont suscité plus de questions que de réponses. Le lieu qui m'intéressait ne possédait en effet ni nom ni figuration sur les cartes reprenant les zones vertes accessibles au public. Pourtant, malgré une partie clôturée, le bois ne manque pas de fréquentation et l'espace offre un plateau découvert à partir duquel se dessinent quelques sentiers visités par des chiens et des habitant·e·s. Il s'étend anonymement le long d'une route encombrée, à quelques centaines de mètres de l'une des salles de concert les plus visitées de la RBC (Forest National).

La dénomination « bois de la Grappe » provient de l'histoire récente. Au même titre que la cité Messidor qu'il avoisine, le bois appartient à une société immobilière (ABC) qui espère en détruire une partie à la faveur d'une trentaine de logements sociaux. La formation d'un comité d'habitant·e·s en 2018 avait préservé (temporairement) la zone en même temps qu'elle lui avait attribué un nom, en référence à la Drève de la Grappe, une rue attenante. C'est ainsi que cette parcelle, qui apparaissait sans nom et sans histoire, effacée des cartes publiques et pourtant empruntée, fut menacée, préservée et (re)nommée.

Si ce lieu, qui donne parfois l'impression d'être à l'abandon, a intéressé précocement mes recherches, c'est qu'il a été choisi par des renards pour y creuser des terriers de reproduction. Le sol, sablonneux et accidenté, offre des prises sous les racines. Les entrées utilisées durant la période d'élevage des juvéniles se distinguent par des laissées à proximité, des empreintes ou des traces de griffes, des plumes d'oiseaux, ou encore une odeur forte, âcre et caractéristique.

Les traces de leur présence ne se limitent pas aux terriers. Le sol, aménagé en sentiers par les passages récurrents, offre des prises nettes permettant de lire leurs déplacements. Toutes les entrées débouchent sur un chemin qui conduit à un autre chemin, à un autre terrier, à un grillage, à une haie, à une rue, à un jardin. Les voies, onduleuses, se tortillent et se mêlent les unes aux autres. En été, elles se discernent par un corridor sous la végétation basse. Le reste de l'année, c'est le léger tassement des feuilles qui trahit leurs contours. Les goupils se déplacent principalement via ces sentiers où se mêlent parfois des usages concomitants humain et vulpin. Cependant, la traversée du bois ne se limite pas aux chemins exclusifs et les renards en quittent régulièrement le cadre, par exemple lors de leur quête de nourriture. Ils se déplacent alors en zigzag[3], remuant les feuilles avec leur museau, à la recherche des vers de terre

[3] Le déplacement en zigzag a déjà été observé et étudié dans le cadre de la recherche alimentaire (Robardet, 2007 : 136).

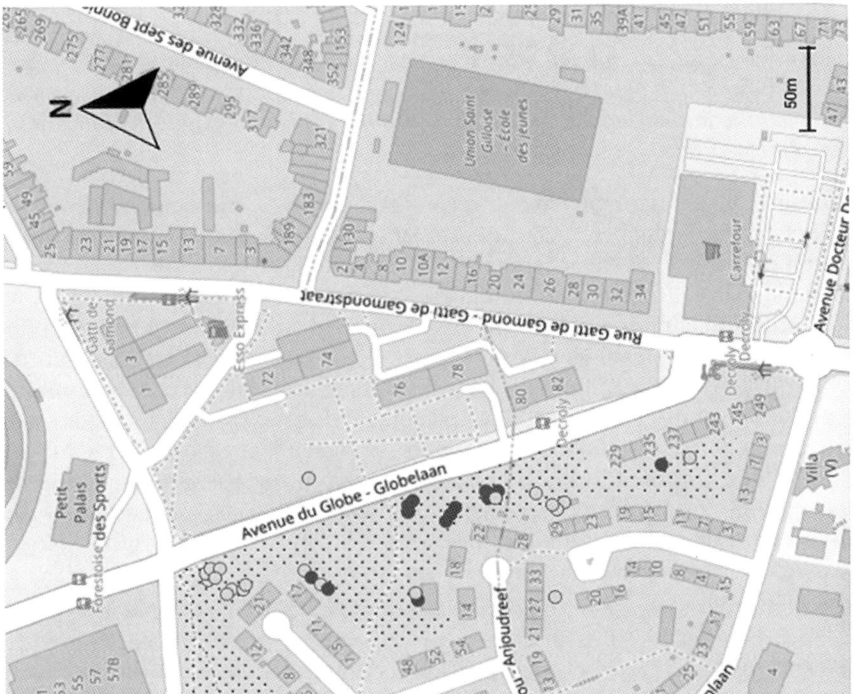

Carte 2 : Emplacement des terriers au bois de la Grappe (Chloé Vanden Berghe depuis Openstreetmap.org).

qu'ils apprécient (Macdonald, 1980). L'existence de ces voies rappelle le concept de domaine vital revisité par Roman Andrzejewksi dans le cadre de ses travaux sur les petits mammifères, qu'il analyse non plus comme une surface plane visitée uniformément mais comme un ensemble de pistes et de sentiers formant un réseau :

> « *Assuming that an animal moves on trails or paths, and that these form a network in space, it can be thought probable that there remain many places between trails that an individual passing through a given area visits either not at all or at most rarely.* »[4] (Andrzejewski, 2002 : 88)

Les odeurs sont un autre moyen par lequel les renards transforment leurs mondes. L'urine est déposée régulièrement sur des objets spécifiques, comme des restes alimentaires – ce qui n'empêchera pas un deuxième individu de s'en emparer aussitôt. Les mâles urinent plus volontiers la jambe levée contre une haie, un muret ou un lampadaire, mais peuvent aussi le faire accroupis. Les femelles auront tendance à prendre la position accroupie mais il arrive de les voir lever l'un des postérieurs : le jet est alors moins avancé que celui des mâles. Les fèces sont laissées aux abords des chemins, sur un monticule visible (et duquel les effluves apparaissent plus prégnants) ou sur un élément important, façonnant le paysage olfactif. Les adultes se frottent parfois l'avant du corps, en commençant par la commissure des lèvres, contre les infrastructures urbaines, imprimant des odeurs dans des espaces qui s'imprègnent de significations. Inversement, les corps s'imbibent probablement eux aussi des traces olfactives des lieux visités (Despret, 2022).

Des dizaines de types de vocalisation différentes viennent également fendre la nuit au bois. Pas toujours très discrète, leur présence peut être repérée aux séries d'aboiements, parfois répétés plusieurs dizaines de minutes ou, en hiver, au craquement des feuilles gelées sous le poids des corps. Les odeurs, comme les sons, constituent des traces de présences différées (Despret, 2022). Ce sont des actes de présence au même titre que des modalités de transformation de l'espace par le corps.

Si une partie des déchets qui jonchent le sol du bois semble avoir été négligemment projetée par-dessus la haie, une autre trahit de nouvelles traces des existences vulpines. Des boîtes de pizzas, des emballages plastiques ou papiers et des détritus organiques gisent nonchalamment, après y avoir été amenés de l'espace public. Les contenants souples ayant renfermé des denrées alimentaires préparées à leur intention par des habitant·e·s y subissent le même sort. Aux yeux d'une habitante, le bois est « sale », au même titre que le « squat » sur le trottoir d'en face et que les renards qui chapardent dans les poubelles (entretien du 7 décembre 2022). Cette crasse, qui rappelle finalement le désordre social des friches et les pratiques déviantes (Dupré, 2005), transforme l'espace en un hybride ni complètement naturel, ni complètement aménagé. Laissé à son compte, s'intégrant par défaut à l'espace urbain, il cultive un pont entre les dichotomies finalement pas si hermétiques de nature et de culture.

---

[4] « *En supposant qu'un animal se déplace sur des pistes ou des chemins, et que ces pistes et chemins forment un réseau dans l'espace, il est probable que de nombreuses zones entre les pistes et chemins ne soient que rarement ou pas du tout visitées par un individu traversant une aire donnée.* » (Traduction de Vanden Berghe Chloé.)

Transformer la vie urbaine

Les traces des passages dans les clôtures situées entre le bois et l'Avenue du Globe (qui relie la zone à la salle de concert Forest National) constituent un nouvel élément trahissant la transformation de l'espace par les renards. Loin de se contenter des passages anthropiques entre le bois et cette avenue, les goupils ont fabriqué leurs propres issues. Si les tailles et les formes diffèrent, celles-ci se présentent quasiment toutes sur le même modèle : sous la clôture, un léger renfoncement est creusé ou modelé par les passages successifs. En plus de l'anfractuosité, les matériaux composant le grillage (à simple torsion avec fil galvanisé) sont rongés jusqu'à éclater pour former une ouverture en demi-cercle. La solidité des mailles laisse deviner la force des mâchoires. Ces ouvertures sont parfois accompagnées d'une traînée de terre et de feuilles se répandant sur le trottoir, sur laquelle se mêlent les empreintes de chiens, de goupils et de souliers. Les renards se glissent à travers ces brèches épaissies construites à leur image. Ils abîment et transforment des matériaux disposés à dessein dans l'objectif de prolonger leurs propres sentiers, fabriquant un réseau vulpin dans la ville.

Un autre élément notable du décor se situe à quelques mètres, sur le relief d'un parterre s'étendant au pied des bâtiments de logements sociaux. Entre les racines, à même la bruyante Avenue du Globe, devant un paysage composé d'impressionnants immeubles, des renards ont choisi de modeler un terrier. Doté d'une seule entrée, il n'a probablement pas servi à la reproduction : les goupils se servent essentiellement de terriers à deux entrées au moins (afin d'assurer une sortie) pour élever leurs juvéniles (Meia et Weber, 1992). En revanche, il offre aux adultes et aux subadultes un lieu propice au jeu. Son utilisation entraîne de légères excavations qui se répandent régulièrement sur le trottoir. Ici aussi, les empreintes se mélangent et le partage dynamique de l'espace s'écrit au sol.

Si les corps se succèdent, la cohabitation est moins fluide. Les hostilités peuvent atteindre, ici aussi, un certain niveau de violence : des cas d'empoisonnement sur des renardeaux ont été rapportés (entretien du 7 décembre 2022). Dans la Cité Messidor, presque toutes les habitations disposent d'un bac en dur pour les ordures ménagères. Ces mesures résultent des déchets abondamment répandus sur le sol quand les sacs plastiques gisent dans l'espace public sans autre protection que leurs quelques micromètres d'épaisseur, qu'un coup de griffe ou de mâchoire et quelques secousses auront rapidement transpercés. Les déchets transportés se retrouvent alors bientôt sur la route ou dans les jardins, exposant les intimités voisines. Bien qu'elle concerne aussi les animaux domestiques, les pies, les corneilles et les fouines, la problématique des déchets, souvent imputée aux renards, est un embarras que la presse apprécie aborder de façon récurrente (RTL 2021, RTBF 2021, etc.). De même, certaines vocalisations, considérées parfois comme des nuisances sonores, peuvent être particulièrement dérangeantes : « *on dirait que quelqu'un se fait égorger* » (entretien du 17 août 2022).

Le désagrément des trous éventrant les pelouses revient régulièrement lors des discussions avec les habitant·e·s. Les techniques de prédation et de recherche alimentaire du renard impliquent l'enfouissement des denrées qu'ils ne peuvent consommer immédiatement, et qu'ils viendront chercher plus tard. Ce comportement ne disparaît pas en zone urbaine. Des jardins minés de trous béants ou colmatés sont ainsi régulièrement découverts au matin.

Figure 2 : Terrier au pied de bâtiments sociaux (Chloé Vanden Berghe, décembre 2022).

Un autre objet de conflictualités concerne les poules. Si certain·e·s habitant·e·s en élèvent chez eux et se servent de poulaillers « anti-renards » efficaces, la cohabitation entre poules et renards n'a pas toujours été aussi pacifique dans la Cité Messidor. Les poules achetées par les gestionnaires au profit de la cité ont péri par deux fois : la première était l'œuvre d'un renard (qui en avait par ailleurs rapporté certains morceaux dans le jardin d'une habitante), et la seconde celle d'une fouine (entretien du 20 décembre 2022). L'expérience n'a plus été renouvelée.

La cohabitation peut être dérangeante ou violente pour les renards aussi. Les voitures, lancées à des vitesses qui dépassent largement les normales autorisées (30 km/h) sur cette longue avenue propice aux courses urbaines, percutent parfois des adultes. Même les plus expérimentés d'entre eux peuvent se trouver sidérés devant des roues, éblouis par les phares, hésitant à rebrousser chemin ou à avancer. Si les conducteurs et les conductrices parviennent généralement à ralentir ou à dévier, il arrive de découvrir un cadavre au bord de la route.

D'un autre côté, la vie en commun peut aussi faciliter le quotidien. Malgré l'opposition des institutions aux pratiques de nourrissage, certains renards sont parvenus à s'attirer les grâces des habitant·e·s qui leur offrent quotidiennement des victuailles en échange de quelques instants de proximité. Une habitante nourrit les familles qui se succèdent au bois de la Grappe depuis 2017 et accueille sous son abri de jardin trois entrées de terrier ayant servi à l'élevage des juvéniles. Certains individus viennent jusqu'à sa main pour s'emparer délicatement d'un cœur ou d'une cuisse de poulet achetés à leur attention au supermarché. La proximité avec la porte vitrée donnant sur l'habitation – quelques mètres à peine – et la présence et les aboiements de ses chiens, qui passent chaque jour à moins de deux mètres des terriers, ne semblent plus les déranger. Au contraire, les vocalisations matinales des canidés domestiques indiquent aux goupils que leurs premiers repas seront bientôt servis (entretien du 20 décembre 2022 et observations).

En s'établissant dans la Cité Messidor, les renards ont fait des propositions. Certaines ont été catégoriquement refusées – menant à des conflits violents. D'autres ont été acceptées avec joie et ont mené à d'autres propositions qui ont solidifié des liens interspécifiques.

Conclusion

Au siècle dernier, vivre en renard dans les environs de Bruxelles, c'était se confronter aux gazages et aux coups de fusil. C'était apprendre à s'adapter, à revenir là où d'autres avaient péri. C'était encore essayer, par les marges et les interstices, jusqu'à l'ouverture d'une brèche – relationnelle ou infrastructurelle – ayant permis une installation pérenne.

Aujourd'hui, vivre en renard dans le quartier du bois de la Grappe, c'est transformer l'espace en creusant des terriers, sous des buissons touffus ou au cœur des avenues. C'est participer à l'alimentation de relations qui peuvent ou non être favorables. C'est s'approcher et accepter des propositions : se faire nourrir dans les paumes des mains ou dans des contenants en plastique. C'est également refuser des propositions : rejeter la clôture ceignant le bois et limitant les passages, contester le grillage protégeant le poulailler, réfuter le sac-poubelle renfermant les déchets. C'est abîmer, mordiller, éventrer, user, voler et trouer des objets disposés à dessein par des humains. C'est « nuire », mais aussi « rendre service », en régulant la population de rats bruns. C'est, enfin, se rendre proche et plus vulnérable face aux dangers : être victime d'un accident de la route, avaler une boulette empoisonnée, subir les dérangements des chiens. C'est aussi, bien sûr, apprendre à connaître et habiter des espaces fragilisés et mis en danger par la promotion immobilière. La situation du bois de la Grappe, dont la préservation n'est qu'éphémère, interroge ainsi les fondements d'une économie qui s'obstine à juger exploitables des terrains qui sont pourtant bien occupés.

Dans cet article, j'ai souhaité mettre en lumière les expériences vécues par les renards roux dans une grande capitale en analysant certains processus d'urbanisation. L'effondrement de la biodiversité, le réchauffement climatique et les dérives du capitalisme fossile constituent quelques aspects d'un monde qu'il n'est plus possible de concevoir de façon binaire. La « nature » et la « culture » s'appliquent aux humains autant qu'aux autres vivants et les catégories qui nous servent à les désigner doivent rentre compte de leur perméabilité. L'étude de la vie avec les animaux en milieux urbains nécessite en particulier un renouvellement des méthodes. Les outils issus des sciences sociales et des sciences naturelles pour produire des connaissances sur les vivants sont loin d'être incompatibles et leur enchevêtrement permet de rendre compte de la porosité constituante des mondes.

Peu pratiquées en sciences sociales, les observations directes d'animaux permettent de produire des analyses riches qui, loin de rivaliser avec les sciences naturelles, viennent compléter l'état des connaissances en posant d'autres questions et en apportant d'autres réponses. L'expérience de terrain peut cependant s'avérer compliquée. Dans l'espace public, les observations sont hautement fragmentées, peu confortables et socialement difficiles. Apprendre à connaître des renards urbains nécessite une infinie patience mise à l'épreuve des conditions météorologiques en plein cœur de la nuit. L'assimilation des « règles de politesse » assure les échantillonnages : l'observateur ou l'observatrice est en effet toujours un corps dans un lieu qui doit composer avec d'autres corps ayant conscience de sa présence. Avec l'expérience, les détails qui ne semblaient pas apparents commencent à être notifiés : les postures, les gestes et les mouvements prennent sens, et les subtiles variations des faces les transforment en visages. La forme des yeux, leur écartement, la taille du museau, la couleur du poil surgissent et le regard d'un individu ne ressemble plus à aucun autre. Les « histoires bestiales » commencent alors à émerger.

Bibliographie

Abrell Elan et Gruen Lori, 2020 : « Ethics and Animal Ethnography Working Paper », *Wesleyan Animal Studies*.

Alger Janet et Alger Steven, 1999 : *Cat Culture, Human Culture : An Ethnographic Study of a Cat Shelter*, Philadelphie, Temple University Press.

Altmann Jeanne, 1974 : « Observational Study of Behavior: Sampling Methods », *Behaviour* 49(3/4), 227-267.

Andrzejewski Roman, 2002 : « The home range concept in rodents revised », *Acta Theriologica* 47, 81-101.

Anonyme, 1805 : *Extrait du mémoire statistique du Département de la Dyle (EMSDD)*, Bruxelles, Meissenbruch.

Baynes-Rock Marcus, 2012 : *Hyenas Like Us: Social Relations with an Urban Carnivore in Harar*, Sydney, Macquarie University.

Bear Christopher, 2011 : « Being Angelica ? Exploring individual animal geographies », *Area* 43(3), 297-304.

Beck Olivier, 2013 : « How to live with foxes in an highly urbanized region », *IUGB Congress* 31.

Bekoff Marc et Pierce Jessica, 2009 : *Wild Justice. The moral lives of animals*, Chicago ; Londres, The University of Chicago Press.

Bijl Hanna et Csanyi Sandor, 2022 : « The reasons for the range expansion of the grey wolf, coyote and red fox », *Review on Agriculture and Rural Development* 11(1-2), 46-54.

Brochier Bernard, 1989 : « Emplacement et densité des terriers de mise-bas du renard roux (*Vulpes vulpes* L.) en périphérie bruxelloise », *Cahiers d'Éthologie appliquée* 9(4), 495-508.

Bruxelles Environnement, 1994 : *Rapport sur l'état de l'environnement*, Bruxelles, BE.

Bruxelles Environnement, 2020 : *Infofiche renard*, Bruxelles, BE.

Candea Matei et White Thomas, 2022 : « Animals », *The Cambridge Ecyclopedia of Anthropology*.

Chalklin Michaël, 1997 : « Appâts empoisonnés en débat : la surpopulation des renards serait une légende », *Le Soir*.

Claeys Janine, 1998 : « Chasse au renard ou sadisme ? Des boulettes empoisonnées sur le plateau Avijl », *Le Soir*.

Darmaillacq Anne-Sophie et Lévy Fréderic, 2019 : *Éthologie animale. Une approche biologique du comportement*, Louvain-la-Neuve, Deboeck.

De Blander Hélène et al., 2004 : *Le renard roux* Vulpes vulpes *en Région de Bruxelles-Capitale*, Bruxelles, BE.

De Waal Frans, 1999 : « Cultural primatology comes of age », *Nature* 399, 635-636.

De Wavrin Hellin, 1976 : « Le renard en forêt de Soignes », *Soignes/Zönien* 3-4, 39-60.

Deby Julien, 1848 : *Histoire naturelle de la Belgique*, Bruxelles, A. Jamar.

Descola Philippe, 2005 : *Par-delà nature et culture*, Paris, Gallimard.

Despret Vinciane, 2022 : *Les animaux et l'histoire, les territoires, l'art, l'écriture et les hommes*, Louvain-la-Neuve, Chaire Jacques Leclercq.

Devillers Pierre et Devillers-Terschuren Jean, 1997 : « Mammifères de Bruxelles », *IRSNB* 93, 147-164.

Digard Jean-Pierre, 2012 : « Le tournant obscurantiste en anthropologie », *L'Homme* 203-204, 555-578.

Dorning Jo, 2016 : *Social structure and utilisation of food patches in the red fox, a solitary foraging canid*, University of Bristol.

Dupré Lucie, 2005 : « Des friches : le désordre social de la nature », *Imitation et Anthropologie* 44, 125-136.

Gil-Fernandez Margarida et al., 2020 : « Adaptations of the red fox (*Vulpes vulpes*) to urban environments in Sydney, Australia », *Journal of Urban Ecology* 6(1), 1-20.

Gil-Fernandez Margarida, 2018 : *Behaviour, temporal activity, and control of the red fox in the city*, Macquarie University Sydney.

Goodall Jane, 1971 : *In the shadow of man*, Boston, Houghton Mifflin.

Haquin Émilie, 2007 : « L'empoisonneur s'acharne à l'Abbaye », *Le Soir*.

Haraway Donna, 2008 : *When species meet*, Minneapolis; Londres, University of Minnesota Press, 440 p.

Hartigan John, 2020 : *Shaving the beasts*, Minneapolis, Londres, University of Minnesota Press.

Henry Caroline, 2004 : *Organisation socio-spatiale d'une population de renards roux (*Vulpes vulpes*) en milieu rural*, Université Louis Pasteur.

Hodgetts Thimothy et Lorimer Jamie, 2015 : « Methodologies for animals' geographies : cultures, communication and genomics », *Cultural geographies* 22(2), 285-295.

Hovorka Alice et al., 2021 : *A Research Agenda for Animal Geographies*, Cheltenham, Edward Elgar Publishing.

Kimmig Sophia, 2021 : *The ecology of red foxes (*Vulpes vulpes*) in urban environments*, Freie Universität Berlin.

Kirksey Eben et Helmreich Stefan, 2010 : « The emergence of Multispecies Ethnography », *Cultural Anthropology* 25(4), 545-576.

Kohler Florent, 2012 : « Blondes d'Aquitaine, essai de zooanthropologie », *Études rurales* 189, 155-174.

Latour Bruno, 1991 : *Nous n'avons jamais été modernes*, Paris, La Découverte.

Latour Bruno, 2017 : *Où atterrir ?*, Paris, La Découverte.

Lescureux Nicolas, 2006 : « Towards the necessity of a new interactive approach integrating ethnology, ecology and ethology in the study of the relationship between Kirghiz stockbreeders and wolves », *Social Science Information* 45, 463-478.

Lestel Dominique et al., 2006 : « Etho-ethnology and ethno-ethology », *Social Science Information* 45(2), 155-178.

Ligue des Amis de la Forêt de Soignes, 1910-2022 : *Soignes/Zönien*, Bruxelles, Ligue.

Locke Piers, 2017 : « Elephants as persons, affective apprenticeship, and fieldwork with nonhuman informants in Nepal », *HAU : Journal of Ethnographic Theory* 7(1), 353-376.

Macdonald David, 1980 : « The Red Fox, *Vulpes vulpes*, as a Predator upon Earthworms, Lumbricus terrestris », *Z. Tierpsychologie* 52, 171-200.

Mann Théodore-Augustin, 1785 : *Abrégé de l'histoire ecclésiastique, civile et naturelle de la ville de Bruxelles*, Bruxelles, Lemaire.

Meia Jean-Steve et Weber Jean-Marc, 1992 : « Characteristics and distribution of breeding dens of the Red fox (*Vulpes vulpes*) in a mountainous habitat », *Z. Saugetierkunde* 57, 137-143.

Meia Jean-Steve, 1994 : *Organisation sociale d'une population de renards* (Vulpes vulpes) *en milieu montagnard*, Université de Neufchâtel.

Michalon Jérôme et al., 2016 : « Une sociologie avec les animaux : faut-il changer de sociologie pour étudier les relations humains/animaux ? », *SociologieS.*

Mondémé Chloé, 2018 : « Comment parle-t-on des animaux ? Formes et effets pragmatiques de l'adresse aux animaux de compagnie », *Langage & Sociétés* 163(1), 77-99.

Munster Jean-François, 1999 : « Opération de sauvetage animalier », *Le Soir.*

Noske Barbara, 1993 : « The Animal Question in Anthropology : A Commentary », *Society and Animals* 1(2), 185-191.

Philo Chris et Wilbert Chris, 2000 : *Animal spaces, beastly places*, Londres, Routledge.

Robardet Emmanuelle, 2007 : *Étude de la transmission d'Ecchniococcus multilocularis dans une grande agglomération*, Université de Franche-Comté.

Robert François et Marton Rudolf, 1995 : « Maître goupil prend le train et débarque en ville », *Le Soir.*

Rowell Thelma, 1972 : *Social Behaviour of Monkeys*, Londres, Penguin Books.

RTBF, 2021 : « Bruxelles : des poubelles rigides pour lutter contre les sacs déchirés », *RTBF.*

RTL, 2021 : « Sehar voit des renards déchirer des sacs-poubelle à Uccle », *RTL.*

Scott Dawn et al., 2014 : « Changes in the distribution of red foxes (*Vulpes vulpes*) in urban area in Great Britain », *PloS ONE* 9(6), 1-11.

Selys Michel-Edmond, 1842 : *Faune belge*, Liège, H. Dessain.

Servais Véronique, 2012 : « Faut-il faire la sociologie des singes ? », *SociologieS.*

Seymour Mona et Wolch Jennifer, 2010 : « "A Little Bird Told Me…" : Approaching Animals through Qualitative Methods », in : DeLyser et al., *The SAGA Handbook of Qualitative Geography*, Londres, SAGE Publications Ltd, 305-320.

Smart Alan, 2014: «Critical perspectives on multispecies ethnography», *Critique of Anthropology* 34(1), 3-7.

Smuts Barbara, 2001: «Encounters with animal minds», *Journal of Consciousness Studies* 8(5-7), 293-309.

Stevens René et Van Der Swaelen Louis (dir.), 1914: *La forêt de Soignes*, Bruxelles, G. Van Oest & Cie.

Strivay Lucienne et Mathieu Valérie, 2014: «Le renard qui passe… Comment vivre avec le sauvage en ville», *Le vivant en ville. IIIe symposium international*, Lyon, Vetagro.

Strum Shirley C., 1987: *Almost Human*, New York; Londres, W. W. Norton.

Strum Shirley et Latour Bruno, 1987: «Redefining the social link from baboons to humans», *Social Science Information* 26, 783-802.

Sudinfo, 2020: «Un cri d'alarme pour protéger les renards de Bruxelles», *Sudinfo*.

Tinbergen Nikolaas, 1963: «On aims and methods of Ethology», *Zeitschrift für Tierpsychologie* 20(4), 410-433.

Van Patter Lauren Eila, 2021: *(Re)storying the more-than-human city: urban coyotes in Canada*, Kingston, Queen's University.

Vicart Marion, 2010: «Où est le chien? À la découverte de la phénoménographie équitable», *Sociétés* 18(2), 33-45.

Vuorisalo Tim et al., 2014: «Urban red foxes (*Vulpes vulpes* L.) in Finland: A historical perspective», *Landscape and Urban Planning* 124, 109-117.

Wagner Paul, 1995: «Le retour du renard», *Le Soir*.

Ward Ashley et Webster Mike, 2016: *Sociality: The Behaviour of Group-Living Animals*, Berlin, Springer.

Living in the City. The Red Foxes of the Grappe Wood (Brussels-Capital Region)

This article traces the history of red foxes (Vulpes vulpes) in the Brussels-Capital Region in order to analyse the 'beastly places'—i.e. the city as experienced from the animals' point of view—using a methodology that combines ethological tools with those of the social sciences. The aim is to explain how foxes came to settle in the city, and then to focus on one particular area, the Grappe wood. This garden city, inhabited by several groups of foxes, reveals the urban networks of the animals and their construction of the city. In short, this article aims to shed light on the ways in which animals are present, live with other species, and transform space into a densely shared territory.

Keywords*: red fox, urban fox, multispecies ethnography, animal geography, beastly places.*

Leben in der Stadt. Die Rotfüchse im Wald von La Grappe (Region Brüssel-Hauptstadt)

*Das Leben des Rotfuchses (*Vulpes vulpes*) in der Region Brüssel-Hauptstadt wird hier nachgezeichnet, um die « tierischen Orte », d. h. die Stadt, aus der Sicht der Tiere zu analysieren, wobei eine Methodik angewandt wird, die ethologische Instrumente mit denen der Sozialwissenschaften kombiniert. Das Ziel ist zu erklären, wie die Füchse in die Stadt gekommen sind und sich dann auf einen bestimmten Ort – den Wald von La Grappe konzentrieren. Diese Gartenstadt, die von mehreren Gruppen von Füchsen bewohnt wird, zeigt die urbanen Netzwerke der Tiere und ihre Darstellung der Stadt. Anders formuliert, soll dieser Beitrag beschreiben, wie Tiere in einem dicht geteilten Territorium präsent sind, mit anderen Arten zusammenleben und den Raum verändern.*

Stichworte*: Rotfuchs, Stadtfuchs, Multispeziesethnografie, Tiergeografie, ungeheuerliche Orte.*

Remettre les vaches à leur place
Les animaux divagants, à l'ombre d'un marronnier corse

Lucile Garçon, INRAE, Département ACT, UMR AGIR, **lucile.garcon@inrae.fr**
Antoine Doré, INRAE, AGIR (UMR 1248), **antoine.dore@inrae.fr**
Marie Gisclard, INRAE, Département ACT, UMR AGIR, **Marie.Gisclard@inrae.fr**
Bastien Trabucco, INRAE, Département ACT, UMR AGIR, **bastien.trabucco@inrae.fr**[1]

Résumé

En Corse, si les animaux en liberté font partie du paysage, les bovins circulant en ville sont unanimement considérés comme n'étant pas à leur place et qualifiés de « divagants ». Cherchant à démêler les situations que recouvre le terme de « divagation », cet article met en perspective la manière dont les acteurs qualifient l'agentivité des animaux et la responsabilité des humains à leur égard. Il décrit ainsi la diversité des acteurs concernés, des manières de poser le problème et les difficultés à apporter des réponses. Il montre qu'en transgressant les frontières qui leur sont assignées ces animaux contribuent à requalifier l'activité d'élevage et les espaces qu'ils fréquentent, autant qu'ils sont le produit de leurs progressives transformations.

***Mots-clefs** : ville-campagne, sauvage-domestique, humains-animaux, élevage, agentivité.*

---

[1] Conception du projet : Antoine Doré et Marie Gisclard.
Enquêtes ; collecte, analyse et interprétation des données ; rédaction de la version originale de l'article, relecture et modifications : Antoine Doré, Marie Gisclard, Lucile Garçon, Bastien Trabucco.

DOI : 10.33055/GEOREGARDS.2023.016.35

Introduction

« *La Corse est le paradis du bétail errant* » (Renucci, 1970). Si cartes postales et guides touristiques arborent des images de vaches sur les plages, les habitant·e·s se plaignent de la présence de ces animaux sur les routes, les chemins, dans les jardins et désormais dans les principales villes de l'île. Le phénomène est suffisamment important pour faire l'objet d'un traitement médiatique régulier, dénonçant les dégâts matériels et humains qu'ils occasionnent sur les routes et jusque dans les centres urbains. Ces animaux – dont le nombre est difficile à quantifier mais qui s'élèverait à plusieurs milliers voire à une dizaine de milliers d'individus – sont alors communément qualifiés de « *divagants* ». Si une telle catégorie semble adaptée pour qualifier et gérer des situations accidentelles d'animaux d'élevage échappés d'un enclos, elle l'est beaucoup moins lorsqu'il s'agit de traiter du bétail errant, en particulier dans les espaces urbains. C'est pourtant bien cette catégorie quasi exclusive de qualification et de gestion qui s'est imposée en Corse.

Contrairement à d'autres notions assez couramment mobilisées et discutées en sciences sociales telles que celles d'errance (Bobbé, 1999 ; Irvine, 2003 ; Pearson, 2017), de féralité (Bubandt et Tsing, 2018 ; Clancy et al., 2021 ; Barua, 2022), de marronnage (Digard, 1992 ; Bondaz, 2012) ou encore de liminalité (Donaldson et al., 2016) des animaux, celle de « divagation » reste à ce jour très peu travaillée dans la littérature. Elle recouvre pourtant des spécificités notables, au premier rang desquelles ses origines administratives et policières qui, nous le verrons, font de l'identification des responsables de ces animaux et des dommages qu'ils produisent l'un des enjeux principaux des efforts de cadrage d'une situation complexe. Adoptant une approche nominaliste, cet article entend proposer une première mise à plat empirique des significations pratiques d'une telle catégorie dans un contexte géographique où elle s'impose comme un opérateur de définition et de prise en charge d'une situation qui s'apparente à un problème pernicieux (Rittel et Webber, 1973) pour lequel il est difficile de stabiliser une formulation claire et de trouver des solutions satisfaisantes.

Les études sociales de la place des animaux en ville se sont intéressées à une diversité d'espèces allant des animaux dits de compagnie tels que les chiens (Pearson, 2021) et les chats (Johnston, 2023), aux animaux dits sauvages tels que les goélands (Gramaglia, 2010), les pumas (Zitouni, 2004), les perruches (Berthier et al., 2017), mais aussi les punaises de lits, les mouches ou les rats (Biehler, 2013). La place des animaux « *de ferme* » dans les espaces urbains des pays du nord reste cependant très peu étudiée, à l'exception de quelques travaux récents portant sur l'élevage en ville (Jabiot et Delfosse, 2021), dans le sillage des recherches sur l'agriculture urbaine et périurbaine. Mais les bovins y sont absents, à l'exception d'un nombre relativement important de travaux historiques sur les vaches en milieu urbain jusqu'au début du XXe siècle (Vatin, 1990 ; Philo, 1995).

La présence contemporaine de bovins en ville en Corse produit un effet loupe particulièrement original pour interroger les relations villes-campagnes au prisme des mobilités animales. Un tel cas d'étude permet en effet de faire un pas de côté par rapport à une littérature qui éclaire les relations ville-nature au prisme souvent d'une analyse des recompositions des catégories de sauvage et de domestique. Ici, ce n'est pas exactement la catégorie de «*sauvage*» qui est convoquée pour appréhender ces animaux «*de ferme*» apparemment libres de vaquer où bon leur semble. Ce n'est pas non plus exactement celle de «*domestique*» telle qu'elle est habituellement appréhendée dans les espaces urbains peuplés d'animaux de compagnie qui est mobilisée. Ainsi, la divagation du bétail génère un brouillage inconfortable des catégories habituelles d'entendement et de traitement des enjeux relatifs à la «*juste place*» (Mauz, 2002) des animaux dans des espaces anthropisés comme les villes où certains objets, certains humains et certains animaux (Gullo et al., 1998; Blanc, 2000; Davis, 2000; Jerolmack, 2008) sont synonymes de désordre (Douglas, 1966) et font l'objet d'efforts anciens et constants d'exclusion (Philo, 1995). S'il reflète un consensus sur le fait que le bétail en ville n'est pas à sa place, le terme de divagation traduit aussi l'embarras des humains, notamment des pouvoirs publics à proposer des solutions et à se coordonner pour agir.

Cet article analyse la manière dont les animaux dits divagants et la mise en problème de leur présence et de leurs mobilités requalifient les espaces urbains et ruraux ainsi que les activités des personnes censées s'en occuper. En interrogeant les espaces parcourus par les animaux, nous appréhendons la façon dont les frontières sauvage/domestique et urbain/rural sont conçues, transgressées, et comment certains acteurs agissent pour maintenir ou limiter ces transgressions. Pour cela, nous nous appuyons sur une enquête conduite entre décembre 2021 et décembre 2022 pendant laquelle vingt-six entretiens semi-directifs ont été réalisés auprès d'éleveurs, d'habitant·e·s et élu·e·s de communes urbaines et rurales, de représentant·e·s d'organismes de gestion de la nature, de la fédération départementale des chasseurs, d'associations de défense des animaux, d'associations de victimes et d'agents de police municipale. Nous nous appuyons également sur une revue de presse régionale[2], incluant aussi quelques médias de diffusion nationale, mentionnant le terme de «*divagation*» animale en Corse. L'analyse thématique des entretiens et du traitement médiatique du problème a permis de caractériser la façon dont sont co-construites et négociées collectivement, d'une part la qualification des animaux à l'interface entre sauvage et domestique, et d'autre part la qualification des espaces à l'interface entre ville et campagne. Nous montrons alors que ces animaux gravitent dans les zones grises de la modernité et circulent dans des espaces où «ils n'ont pas leur place».

Nous démarrons l'article par la chronique d'un quartier de la ville de Bastia particulièrement touché par la présence de bovins. Le récit que nous proposons vise à mettre en relief la diversité des acteurs concernés, des manières de poser le problème et les difficultés à concevoir ou mettre en œuvre des solutions. Dans une seconde partie, nous mettons en perspective l'agentivité des animaux et la responsabilité des humains à leur égard pour mieux démêler les situations que couvre le seul terme de divagation. Enfin, la troisième partie met en évidence le lien entre qualification des animaux divagants et disqualification des espaces et de l'élevage.

[2] Entre avril 2015 et janvier 2022, 194 articles contenant le mot «divagation» ont été publiés dans le quotidien *Corse Matin*.

Figures 1 et 2 : Vues aériennes de Bastia en 1948 et 2019. Source : IGN.

CHRONIQUE : SUR LES HAUTEURS DE BASTIA

Depuis quelques années, à Paese Novu, quartier résidentiel construit dans les années 1970 sur des terres agricoles des hauteurs de Bastia (figures 1 et 2), les habitant·e·s se plaignent de la présence de vaches dans les rues. Quand elles n'étaient que quelques-unes, ces dernières amusaient les enfants, mais depuis quelque temps, elles sont décrites comme un fléau. Les radios locales relaient le mécontentement de la population tout en signalant la localisation des animaux dans le quartier pour avertir d'un éventuel danger. Les habitant·e·s constatent que les vaches sont plus nombreuses qu'avant et posent problème. Parce qu'elles sont agressives et font peur, parce qu'il y a aussi des taureaux, parce que ces animaux s'introduisent jusque dans l'enceinte de l'hôpital et des villas, endommageant poubelles et jardins, parce qu'elles circulent de nuit sur les routes au risque d'être percutées par une voiture ou parce qu'elles attaquent les passant·e·s : «*Faire un jogging ou une balade revient à faire de la tauromachie*», estime l'un d'entre eux lors d'un entretien.

En avril 2021, suite à l'attaque d'une habitante du quartier, des citoyen·ne·s ont fondé une association de victimes des animaux en divagation : Cambia Avà, «*il faut que ça change maintenant*». Attaquée devant chez elle, cette habitante, devenue présidente de l'association, a contribué à en accroître la visibilité en témoignant auprès de médias locaux et nationaux et en collectant les témoignages d'autres victimes, dans toute la Corse. Interrogée par un journaliste de *Corse Matin*, elle affirme : «*Notre but est de défendre les victimes de la divagation des animaux présents dans tous les lieux urbanisés.*»[3] Par le biais d'un groupe Facebook (figures 3 et 4), elle rend publics les éléments qu'elle recueille par mail ou par MMS, à partir desquels elle interpelle une diversité d'acteurs.

L'association accuse d'abord le maire de Bastia qui «*aurait les moyens de faire des battues administratives mais ne le fait pas*». Elle organise aussi des manifestations devant la Chambre d'agriculture pour faire réagir les éleveurs, les éleveuses et leurs représentant·e·s. Elle interpelle également les membres des principaux partis politiques qui siègent à l'Assemblée de Corse. Enfin, considérant que de nombreux maires n'ont pas les moyens d'honorer les responsabilités qui leur incombent, et critiquant les élu·e·s de la Collectivité de Corse, elle s'adresse aux préfet·e·s pour inciter l'État à se saisir du problème.

Le maire de Bastia affirme vouloir «*préserver Bastia*» de la divagation par l'intermédiaire de la police municipale. Jusqu'à présent la seule manière d'affronter le problème a consisté à organiser des battues administratives. Lorsque des habitant·e·s aperçoivent des animaux en ville, ils effectuent un signalement auprès de la police nationale, qui transmet l'information à la police municipale, laquelle sollicite l'organisation d'une battue auprès des services de l'État. Le cabinet de la Préfecture produit alors un arrêté et prend contact avec la Direction départementale emploi, travail, solidarités et protection des populations (DDETSPP) qui mobilise des tireurs agréés par la préfecture pour intervenir durant la nuit.

---

[3] «La divagation animale en débat avec l'association Cambià Avà», *Corse Matin*, lundi 6 septembre 2021.

Figures 3 et 4 : Publications de l'association Cambia Avà sur Facebook.

Les polices (nationale et municipale) sont mobilisées pour couper ou dévier la circulation, afin de protéger la population : en pleine ville, un animal qui ne serait que blessé peut s'avérer très dangereux. Puis, les services techniques envoient un·e agent·e ramasser et stocker les bêtes abattues dans un endroit accessible au camion d'une entreprise d'équarrissage mobilisée en fin d'opération. La mairie assume l'ensemble des coûts de ces opérations : les cartouches, les frais engendrés par les interventions de nuit de la police et des services techniques, ainsi que le coût de l'équarrissage.

Des associations de protection des animaux s'opposent à de telles mises à mort, ce qui conduit la mairie de Bastia à envisager d'autres solutions, mais qui demeurent difficiles à mettre en œuvre. Installer des pièges et aménager des parcs mobiles, un enclos ou une fourrière *ad hoc* aux abords de la ville coûterait cher et ne peut être qu'une solution temporaire, dans la mesure où la législation européenne oblige à l'abattage des animaux si leur propriétaire n'est pas identifié·e au bout de sept jours. Procéder à des abattages en marge du tissu urbain pose un problème d'accessibilité pour l'entreprise d'équarrissage chargée d'évacuer les carcasses. L'idée d'installer des éleveurs et éleveuses pour « *occuper le terrain* », comme le dit une agente municipale, et repousser ainsi ces animaux loin des limites de la ville se heurte à des problèmes de disponibilité du foncier. Et il n'est pas envisageable de verbaliser les éleveuses et éleveurs des environs : « *On ne va pas le faire, il faut travailler ensemble, ils ont déjà suffisamment de pression* » explique un agent municipal.

En effet, éleveuses et éleveurs sont souvent tenu·e·s pour responsables des problèmes causés par les vaches. La plupart se défendent en pointant du doigt ceux que l'on désigne comme de simples « *détenteurs d'animaux* », des « *pensionnés* » ou des « *chasseurs de primes* », qu'il faut distinguer des « *vrais* » et « *bons éleveurs* » ou encore des « *éleveurs vertueux* ». Éleveurs et éleveuses dénoncent par ailleurs l'inaction des institutions chargées de représenter et coordonner l'activité agricole « *L'ODARC* [Office du développement agricole et rural de Corse]*, les Chambres… ils ne font pas ce qu'il faut, ils n'aident pas les éleveurs qui travaillent* » estime l'un d'eux. Une des solutions proposées serait de structurer une filière permettant de valoriser la viande des animaux abattus. Mais là encore, cette piste se heurte à la législation en vigueur qui dispose que ces animaux sans statut ni prophylaxie ne sont ni appropriables ni propres à la consommation.

Une autre solution, toujours aux alentours de Bastia, consisterait à gérer l'espace plutôt que les animaux proprement dits. Il s'agirait de « *démaquiser* » de larges zones autour de la ville pour permettre aux animaux de s'y nourrir et s'y abreuver sans en franchir les limites.

Toutefois, bien que les idées ne manquent pas, leur mise en œuvre piétine.

Sous le terme de divagation, différentes configurations humains-animaux

Que désigne le terme de « divagation » en Corse ? Nous caractérisons différents agencements anthropozootechniques (Doré et Michalon, 2017) pour rendre compte de la diversité des situations dans lesquelles il est employé. D'un côté, les acteurs dotent ces animaux considérés comme divagants d'une agentivité, c'est-à-dire d'une habileté à agir à l'aune de leur propre expérience et perception de leur milieu de vie. De l'autre, ils soulignent les responsabilités des humains à leur égard en identifiant ou en désignant les personnes supposées *répondre de* ces animaux. Ce sont des interdépendances à la fois matérielles (soins, revenus, etc.) et juridiques (déclarations administratives, bouclages, etc.) que les personnes confrontées à la divagation animale cherchent à démêler.

La divagation animale est un phénomène encadré par la loi, en particulier par le Code rural et de la Pêche maritime (CRPM) qui stipule qu'« *il est interdit de laisser divaguer les animaux domestiques et les animaux sauvages apprivoisés ou tenus en captivité* » (art. L.211-19-1). Il définit comme divagants les « *animaux errants sans détenteur, ou dont le détenteur refuse de se faire connaître, trouvés pacageant sur des terrains appartenant à autrui, sur les accotements ou dépendances des routes, canaux, chemins ou sur des terrains communaux* » (art. L.211-20). Le Code général des Collectivités territoriales confie aux maires « *le soin d'obvier ou de remédier aux événements fâcheux qui pourraient être occasionnés par la divagation des animaux malfaisants ou féroces* » (art. L.2212-2 alinéa 7 du CGCT) sur leur commune. Ainsi, en l'absence de propriétaire, ou dans le cas où celui-ci ou celle-ci n'a pu être identifié·e, la responsabilité du maire est engagée.

Une telle définition juridique de la divagation animale est adaptée pour qualifier et gérer des situations de bétail échappé d'un enclos suite à une dégradation accidentelle de clôtures ou à la négligence plus ou moins caractérisée d'un éleveur ou d'une éleveuse. Mais, sur l'île, le phénomène de divagation animale recouvre des situations diverses que cette qualification ne permet pas de prendre en charge, empêchant d'en faire un véritable problème public. Derrière l'usage très courant de la catégorie d'« *animal divagant* », habitant·e·s et gestionnaires désignent en fait différents types de situations.

Il y a tout d'abord les animaux présentés comme issus de mobilités pastorales pas toujours maîtrisées. Une partie des troupeaux corses transhume : au printemps et à l'automne, des troupeaux circulent, entre les estives et les plaines, zones intermédiaires ou alentour des villages où ils passent l'hiver. « *Il s'agit de périodes particulièrement sensibles. Il peut arriver que des animaux isolés se retrouvent sur la voie publique* », nous explique le garde champêtre d'une commune côtière de Corse-du-Sud. Ces animaux passent aussi une partie de l'année en montagne, dans des zones d'estive où ils ne sont pas gardés. Il arrive alors que certains partent à la recherche de ressources fourragères ou d'eau qu'ils ne trouvent plus en montagne. Ces configurations sont les plus simples à gérer. Les animaux sont marqués, et les propriétaires plutôt réactifs quand il s'agit de venir récupérer un animal qui s'est écarté du rang.

Mais il existe des situations et des responsabilités plus difficiles à caractériser, lorsque, notamment, des animaux occupent de manière chronique des espaces communaux ou privés, des terres plus ou moins délaissées. On les décrit comme des glaneurs tirant parti des accotements ou des terrains en friche, débordant sur les routes, les jardins ou les parcelles agricoles exploitées. Ils peuvent alors être la source de problèmes variés, plus ou moins graves. Du décès d'un automobiliste ayant percuté une vache au milieu de la nuit aux souillures d'une place de village jonchée de bouses, en passant par la dégradation du petit patrimoine bâti ou les risques sanitaires que ces animaux font peser sur les élevages alentour, la gestion et la prévention de ces problèmes conduit les personnes concernées à chercher à identifier les responsables de ces animaux. Si ces derniers sont marqués et le ou la propriétaire identifié·e, sa responsabilité peut être engagée en cas de problème grave. Mais pour les petits désagréments, les victimes, et parfois les élu·e·s, se plaignent de ne pouvoir améliorer la situation face à des éleveuses et des éleveurs accusé·e·s de se cacher derrière une prétendue tradition de liberté animale en Corse.

Dans d'autres cas, les animaux sont livrés à eux-mêmes une grande partie de l'année, mais peuvent être nourris et abreuvés : parfois régulièrement, parfois seulement au cœur de l'hiver ou d'une sécheresse. Leurs conditions de vie et leur présence dans l'espace public ou privé sont alors considérées comme la conséquence d'inconduites de personnes sachant tirer parti à moindre coût des produits de ces animaux mais surtout des subventions auxquelles ils donnent droit. Ces individus sont alors qualifiés tantôt d'« *opportunistes* » – quand ils sont connus, qu'ils assument la propriété de leurs animaux (même officieusement, par exemple par une marque au niveau de l'oreille) et en valorisent la production – tantôt de « *voyous* » – quand ils sont plus difficiles à identifier et sont soupçonnés de viser uniquement des subventions agricoles.

Les parties prenantes de la gestion de la divagation animale en Corse distinguent enfin un autre ensemble de configurations possibles, qui se caractérisent par l'absence de lien de propriété, voire de dépendance, de certains animaux à l'égard des humains. Les bêtes ont été « *libérées* » par leurs propriétaires qui leur ont retiré les boucles pour les « *lâcher dans la nature* » plutôt que de les vendre au moment de leur départ à la retraite. Ce sont des « *personnes âgées qui ont laissé partir les bêtes sans faire la paperasse* » explique un éleveur, ou qui sont décédées avant de s'être séparées des animaux. De ces « *abandons* » ou « *libérations* » découlent deux grands types de configurations qui se distinguent cette fois-ci principalement du point de vue de la qualification de l'agentivité des animaux qu'elles concernent.

D'un côté, ces animaux sont présentés comme luttant pour survivre : nos interlocuteurs rapportent, photos à l'appui, des cas d'animaux faméliques, souffrant de faim, de soif, ou de manque de soin, qui « *ne ressemblent plus à rien* » ou « *font peine à voir* » et seraient porteurs d'une mauvaise image de la Corse et de son élevage bovin. L'absence de contact régulier avec les humains est présentée comme une cause de souffrance et un facteur d'explication de leur caractère peureux ou agressif. La présidente de Cambià Avà évoque ainsi « *des bêtes, à qui on ne donne ni à boire, ni à manger, ni des soins,* [et qui] *sont en souffrance, errent sur les routes et se rapprochent des zones de vie pour se nourrir et s'abreuver et* [qui] *sont source de dangers* »[4]. Du point de vue des acteurs de la protection animale, « *L'animal en liberté n'est pas le coupable, il est la victime* », déclare la présidente de l'association *Global Earth Keeper*[5].

D'un autre côté, certains évoquent l'existence de populations de bovins prospères, descendants d'animaux libérés ou abandonnés, ayant su s'accommoder d'une totale indépendance vis-à-vis des humains dans des espaces tantôt délaissés par ces

4 « Divagation animale : l'associu Cambià Avà hausse le ton », *Corse Matin*, le 23 janvier 2022.

5 « L'animal en liberté n'est pas le coupable, il est la victime », *Corse Matin*, le 29 août 2019.

derniers, tantôt très anthropisés. Parfois appelées «*vaches sauvages*» ou «*ensauvagées*», elles sont réputées avoir développé une capacité d'exploration du territoire pour s'alimenter et se reproduire de manière autonome, au point de n'être «*plus du tout domestiquées*». Des acteurs distinguent ainsi les troupeaux récemment «*laissés à la dérive*» de «*troupeaux divagants historiques*». Certain·e·s expert·e·s de la faune sauvage amené·e·s à conduire des observations nocturnes de grands ongulés aperçoivent parfois ces vaches discrètes, furtives, au «*comportement plus sauvage que beaucoup de grands mammifères de l'île*» selon un employé du Parc naturel régional de Corse. Celles-ci peuvent être convoitées par des éleveurs ou des éleveuses qui les intégreraient volontiers à leur cheptel et par des amateurs de viande qui en prélèvent occasionnellement au fusil. Elles sont alors présentées comme des «*bêtes de qualité qui mangent à leur faim, choisissent ce qu'elles mangent*» et qui sont finalement mieux nourries que les animaux d'élevage confinés dans des enclos.

Ces grandes configurations auxquelles se rapporte la divagation, décrites à grands traits, coexistent en Corse. On constate alors à quel point l'acception administrative du phénomène est mal ajustée à la pluralité des conditions de vie du bétail dans l'île. En zone urbaine, comme dans le quartier bastiais de Paese Novu, les acteurs concernés par la divagation animale ne savent pas toujours à quel genre d'animaux, d'éleveurs et d'éleveuses ils se trouvent confrontés. La présence de bétail en ville constitue une incongruité qui soulève une question : comment des vaches et des taureaux se retrouvent-ils à errer dans ces zones urbaines ?

Nous allons observer maintenant la situation depuis les différents types d'espaces fréquentés par ces animaux et analyser les difficultés pour leur y faire une place.

Des animaux qui n'ont de place nulle part

L'histoire des transformations des usages et occupations de l'espace est un point d'appui important pour comprendre l'ampleur et les particularités du phénomène de la divagation animale en Corse. Au tournant de la Seconde Guerre mondiale, l'espace montagnard de l'intérieur de l'île connaît une importante déprise agricole, accompagnée d'une désertification démographique et du délaissement d'une partie du foncier agricole dominé par l'indivision. Cet abandon de l'espace va constituer une condition du développement du cheptel bovin sur un territoire où il était historiquement resté marginal. Une croissance «*ambigüe*» de cet élevage s'amorce sur la période 1975-1980, marquée par l'instauration de primes agricoles aux troupeaux de vaches (Casabianca et Vercherand, 1986). Ces animaux peuvent alors parfois constituer l'opportunité de véritables placements financiers peu coûteux en travail et en capitaux, d'autant que la rusticité des vaches corses autorise une présence et une attention minimales des éleveurs les moins scrupuleux. Se développe alors un phénomène d'accaparement des espaces par des «*éleveurs d'opportunité*» qui y placent des bovins pour tirer parti d'un effet d'aubaine, résultat de la conjonction de l'évolution sociodémographique des espaces ruraux et de l'instauration des politiques de soutien à l'agriculture. Le nombre de bovins augmente alors de manière exponentielle sans accroissement significatif de la production. «*Ceux que j'appelle "les rois du désert" contrôlent l'espace selon un principe "premier arrivé, premier servi" mais sans empêcher les risques d'incendie. Ils rendent impossible l'arrivée de concurrents. Avec deux élevages, vous couvrez toute une vallée et bloquez l'installation de jeunes agriculteurs et d'autres espèces. Et enfin, le nombre artificiellement haut d'éleveurs de bovins leur donne un poids aux élections professionnelles qui empêche d'autres voix d'émerger. Le système offre un contrôle géographique, social et politique à ceux qui en sont les bénéficiaires»* explique François Casabianca, chercheur retraité de l'INRAE en Corse au magazine *Society*[6]. Ainsi, les bovins divagants sont des leviers de captation d'aides agricoles décorrélées du travail et des niveaux ou qualités de production, phénomène objectivé plus récemment par l'Office européen de lutte antifraude, qui parle dans un rapport de 2018 de «*faux agriculteurs*», de «*troupeaux fantômes*» et dénonce une «*chasse aux surfaces*» (OLAF, 2019: 28). De nombreux animaux sont ainsi livrés à eux-mêmes, sillonnant une grande diversité d'espaces où ils ne sont pas les bienvenus.

Tout d'abord, dans les espaces ruraux et agricoles, la présence d'animaux en liberté pose des problèmes à ceux considérés comme de «*vrais éleveurs*», notamment pour la reproduction de leurs troupeaux. Lorsqu'un taureau «*divagant*» vient couvrir leurs vaches, c'est le travail d'amélioration génétique qui est sapé, comme nous l'explique cet éleveur: «*Quand* [...] *tu travailles bien, que tu essayes de maîtriser ta repro, etc., que tous les jours quand tu arrives tu as un taureau de 1,20 m qui a sauté le grillage de 2,20 m pour venir saillir tes vaches* [...] *Je te parle pas au niveau sanitaire. Au niveau sanitaire... on peut tout imaginer.*» Les bovins en divagation sont aussi pointés du doigt – en premier lieu par les services de l'État en charge de la santé animale – comme des vecteurs importants de maladies, en particulier de la tuberculose bovine qui présente de forts taux de prévalence en Corse. À ce titre, ils sont non désirés à proximité des exploitations. Certaines personnes attribuent néanmoins une certaine valeur à ces animaux. Une pratique, dont la véracité est toutefois difficile à vérifier, consisterait à piocher dans ce vivier bovin pour grossir ponctuellement le troupeau lorsqu'un contrôle lié à l'attribution des aides européennes est annoncé. En revanche, la réintégration de ces animaux à un troupeau à des fins d'élevage est plus problématique. En raison d'abord de la législation qui l'interdit à un animal adulte qui n'a jamais été bouclé, mais aussi en raison de leur comportement qu'un éleveur qualifie de «*pas logique*», n'étant «*plus habitués à l'homme*». Lorsque leur présence est jugée trop problématique, ils peuvent parfois être abattus par des personnes excédées. Il arrive alors que leur viande soit consommée.

Ensuite, dans les campagnes habitées, les villages et les centres bourgs, l'évolution des modes de vie, des infrastructures et de la relation à la ruralité a contribué à l'exclusion des animaux en liberté de ces espaces. La transformation des mobilités humaines rend leur présence plus problématique: «*J'ai pas encore soixante ans et j'ai toujours connu* [...] *sur la route des brebis ou des chèvres ou des cochons ou des vaches à un moment donné, sans que ça chauffe. Mais bon, il y avait pas un trafic comme maintenant*» nous explique un éleveur ovin de Haute-Corse. La liberté des animaux faisant partie de l'élevage pastoral traditionnel, leur présence sur les routes de campagne et à l'orée des villages relevait de la normalité, «*mais c'était des animaux qui étaient sur des élevages maîtrisés, oui ils étaient sur la route mais dans le cadre*

[6] Article de Joachim Barbier intitulé «Sacrées vaches» et paru en septembre 2021 dans le magazine *Society*.

de leur parcours » poursuit la même personne. Les animaux rencontrés aujourd'hui, « *n'importe où, n'importe comment* », sans maîtrise ni surveillance, dont le propriétaire n'est pas directement identifiable ou connu, sont considérés comme les symptômes de la dérive et du dévoiement du système pastoral traditionnel. Des aménagements sont mis en place pour se prémunir des dégâts et désagréments qu'ils occasionnent – des clôtures, des passages canadiens, etc. –, mais ils sont alors critiqués par les villageois·e·s, habitant·e·s permanent·e·s ou occasionnel·le·s parfois accusé·e·s d'être déconnecté·e·s de la ruralité. Ce sont alors les humains « *qui s'enferment, c'est le monde à l'envers* », s'indigne un castanéiculteur de Haute-Corse. Incidemment, la divagation animale change alors le paysage et la pratique de l'espace.

Dans les espaces les moins urbanisés comme les espaces dits « *naturels* » (montagne, chemin de randonnée, etc.), le caractère pastoral de l'élevage traditionnel en Corse et l'ancrage des pratiques de parcours et de transhumance dans l'imaginaire insulaire peuvent rendre acceptable la présence d'animaux en liberté dans les zones faiblement peuplées. Ils font partie de la carte postale autant qu'ils participent à l'entretien des paysages. Les gestionnaires d'espaces naturels leur reconnaissent parfois un rôle dans l'ouverture des milieux qui pourrait ainsi leur conférer une place légitime dans l'écosystème. Un représentant de la Fédération de chasse de Haute-Corse constate que les bovins ont facilité la lutte contre les incendies, autant qu'ils ont eu « *une action positive pour la faune sauvage* », favorisant les habitats de lièvres et de perdrix. Des incertitudes demeurent néanmoins quant à la concurrence alimentaire qu'ils peuvent représenter pour d'autres herbivores protégés tels que le mouflon ou le cerf élaphe de Corse.

Enfin, en zone urbaine, la situation est particulièrement trouble. La ville « *n'est pas le lieu adéquat pour les vaches, c'est pas leur place* » selon les élu·e·s et habitant·e·s interrogé·e·s à Bastia. Ces animaux et leurs propriétaires éventuels sont alors présentés tantôt comme des colonisateurs, tantôt comme des colonisés. D'un côté, on les décrit comme des animaux livrés à eux-mêmes qui font intrusion par opportunisme ou par nécessité dans des espaces où ils trouvent de quoi se nourrir. D'un autre côté, certaines personnes considèrent qu'il s'agit en quelque sorte des témoins d'un monde ayant été progressivement rogné au gré de la croissance de la ville.

La présence de bovins en ville est d'autant moins tolérée qu'elle est associée à des pratiques déviantes auxquelles aurait succombé une partie du monde rural. L'animal divagant en Corse décale alors notre regard par rapport aux relations habituellement traitées lorsqu'il est question d'humains et d'animaux : entre sauvage-domestique, colon-colonisé (Murphy, 2020) ; Barua, 2022), et même par rapport à la relation ville-campagne – qui serait une manière de définir une juste place à ces animaux – pour appréhender la relation entre bonnes et mauvaises pratiques, bon·ne·s et mauvais·e·s éleveurs et éleveuses. Le défaut de civilité qui l'exclut de certains espaces ne définit plus seulement l'animal ou la ville l'un par rapport à l'autre, mais définit celui ou celle qui est responsable de la présence animale dans un lieu inadéquat.

Face à l'impossibilité de s'accorder sur la place de ces animaux, certains acteurs cherchent à leur en inventer une. L'ensemble des communes, rurales comme urbaines, ont pour obligation de mettre en place des lieux de dépôt pour contenir les animaux dits divagants. Si le respect de l'obligation de créer de tels lieux est fluctuant d'une commune à l'autre, les villes comme Bastia sont à l'origine de diverses propositions de lieux spécifiques où les parquer. Certaines associations de protection des animaux réclament la création de «*sanctuaires*» clôturés où ces animaux pourraient vivre à l'extérieur des villes. La plupart des solutions imaginées pour déplacer, réorienter, limiter ou cantonner les animaux divagants à un type d'espace particulier sont toutefois mises en échec. D'abord des problèmes techniques et organisationnels apparaissent: dans un contexte de recherche permanente de foncier de la part des éleveurs et éleveuses, il est difficile de dédier des espaces de pâturages à des animaux dont l'existence même est remise en cause et est associée à de mauvaises pratiques d'élevage. Malgré leur rusticité, ces animaux, une fois parqués, vont nécessiter un minimum de soins (affouragement en hiver, prophylaxie, etc.) dont le coût devrait être supporté par la collectivité. Ensuite, les acteurs s'impliquant dans de telles opérations peuvent être victimes de sabotage: les aménagements prévus par la mairie de Bastia ont ainsi été l'objet de dégradations et l'éleveur qui a collaboré avec la mairie pour le mettre en place a été l'objet d'intimidations.

Les abattages administratifs constituent à ce jour l'une des modalités d'action privilégiée, lorsque toutes les solutions ont été épuisées. Or, même dans la mort, ces animaux ne sont pas à leur place et posent problème. Les lieutenants de louveterie, habilités à procéder à des tirs libres sur la faune sauvage, se refusent bien souvent à abattre du bétail qu'ils considèrent ne pas être de leur ressort. Lorsque des tireurs habilités acceptent de procéder à ces tirs, ce n'est que par prise de conscience de la dangerosité des animaux pour la population. Ils interviennent alors de nuit pour éviter le «*risque médiatique*» et cagoulés pour éviter les représailles[7] des «*éleveurs fantômes*» à qui appartiendraient officieusement ces bêtes. Ces abattages, qu'ils relèvent d'une décision administrative ou d'un acte clandestin, sont l'objet de vives critiques de la part des organisations de défense des animaux mais aussi d'une part de la population à qui la vue des carcasses d'animaux abattus «*déplaît*».

En sillonnant les différents espaces de Corse, on mesure l'ubiquité du phénomène de divagation animale. Le bétail divagant est partout perçu comme étranger. Sa présence dérange en ville comme à la campagne. En transgressant les frontières de la ruralité et des espaces qui leur sont assignés, ces animaux éclairent de nombreux autres phénomènes au-delà de la mobilité animale et de l'inclusion ou l'exclusion des animaux de tel ou tel espace (Philo, 1995), notamment, celui de la transformation du territoire corse et son impact, tant sur les pratiques d'élevage que sur les pratiques habitantes. Quel que soit l'endroit où ils se trouvent, vaches et taureaux contribuent à une forme de déqualification de l'espace, concomitante de la déqualification de l'élevage et de pratiques concernant autant la conduite des animaux que la recherche de primes.

Conclusion

Quels que soient les espaces où ils se trouvent, les bovins dits divagants échappent, au moins partiellement, à toute tentative de définition unique, stable et précise. Ni complètement sauvages, ni complètement domestiques, ils échappent également assez largement à la définition juridique de la divagation animale. Ainsi, exclus des cadres

---

[7] La question des représailles envers les personnes qui tentent d'agir est récurrente dans les discours des interviewés. Les auteurs ne sont jamais ouvertement cités, mais voient un bénéfice dans la divagation animale dont ils ne veulent pas voir la fin.

de l'action publique prévus pour les animaux transgresseurs ou indésirables, ils sont en définitive «*matter out of place*» (Douglas, 1966) : ils débordent aussi bien des cadres juridiques prévus que des limites des espaces dans lesquels ils pourraient être tolérés.

La littérature traitant de la place des animaux en ville interroge, pour partie, les relations entre nature et culture (Jerolmack, 2008). Ici, les vaches et les taureaux divagants interrogent également les relations entre ville et campagne, ou entre urbain et rural : à l'instar des pigeons étudiés par Jerolmack, ces animaux «*représentent l'antithèse de la métropole idéale, ordonnée et aseptisée, avec une nature maîtrisée et cloisonnée*» (Jerolmack, 2008 : 72), mais aussi, dans notre cas, avec une *ruralité* «*maîtrisée et cloisonnée*». Ainsi, en Corse, le phénomène de la divagation du bétail en ville est aujourd'hui l'objet d'une critique sociale envers une certaine frange de la ruralité, en considérant ces animaux comme des révélateurs d'un défaut de civilité. Les difficultés à leur définir et à leur ménager une place sur l'ensemble de l'île pourraient également être considérées comme le symptôme d'une dislocation d'une communauté hybride (Lestel, 2004) pastorale largement éprouvée depuis les années 1960, et qui n'a pas fini de se reconstruire ni de renégocier les conditions d'une conduite «*libre mais maîtrisée*» des bêtes face à des transformations des modalités d'usage des espaces et des rapports aux animaux parfois vécues comme brutales.

Remerciements

Ce travail a bénéficié d'une aide du Métaprogramme SANBA (Santé et bien-être des animaux en élevage) d'INRAE dans le cadre du projet de recherche CROSBANIM (Institutionnalisation croisée de la Santé et du Bien-être des animaux).

Bibliographie

Barua Maan, 2022 : «Feral ecologies : the making of postcolonial nature in London», *Journal of the Royal Anthropological Institute* 28(3), 896-919.

Berthier Alizé, Clergeau Philippe et Raymond Richard, 2017 : «De la belle exotique à la belle invasive : perceptions et appréciations de la Perruche à collier (Psittacula krameri) dans la métropole parisienne», *Annales de géographie* 716(4), 408-434.

Biehler Dawn Day, 2013 : *Pests in the City : Flies, Bedbugs, Cockroaches, and Rats*, Seattle, University of Washington Press.

Blanc Nathalie, 2000 : *Les animaux et la ville*, Paris, Odile Jacob.

Bobbé Sophie, 1999 : «Entre domestique et sauvage : le cas du chien errant. Une liminalité bien dérangeante», *Ruralia. Sciences sociales et mondes ruraux contemporains* 5.

Bondaz Julien, 2012 : «Animaux et objets marrons : résistances à la mise en exposition dans les parcs zoologiques et les musées d'Afrique de l'Ouest», *Civilisations* 61(1), 121-136.

Bubandt Nils et Tsing Anna, 2018 : «Feral Dynamics of Post-Industrial Ruin : An Introduction», *Journal of Ethnobiology* 38(1), 1-7.

Casabianca François et Vercherand Jean, 1986 : «Effets des primes dans l'élevage corse. Un exemple d'intervention de politique agricole contrariant le développement», Toulouse, FFSPN Éditeur.

CLANCY Cara, COOKE Fiona et RAW Zoe, 2021: «Entanglement, autonomy and the co-production of landscapes: relational geographies for free-roaming "feral" donkeys (Equus asinus) in a rapidly changing world», *Geoforum* 123, 66-77.

DAVIS Mike, 2000: *Ecology of Fear: Los Angeles and the Imagination of Disaster*, London, Picador.

DIGARD Jean-Pierre, 1992: «Un aspect méconnu de l'histoire de l'Amérique: la domestication des animaux», *Homme* 32(122), 253-270.

DONALDSON Sue, WILL Kymlicka et MADELIN Pierre, 2016: *Zoopolis*, Paris, Alma Éditeur.

DORÉ Antoine et MICHALON Jérôme, 2017: «What makes human–animal relations "organizational"? The de-scription of anthrozootechnical agencements», *Organization* 24(6), 761-780.

DOUGLAS Mary, 1966: *Purity and Danger: An Analysis of Concept of Pollution and Taboo*, Londres, Routledge; Kegan Paul.

GRAMAGLIA Christelle, 2010: «Les goélands leucophée sont-ils trop nombreux?», *Études rurales* 185, 133-148.

GULLO Andrea, LASSITER Unna et WOLCH Jennifer, 1998: «The cougar's tale», *Animal geographies: Place, politics, and identity in the nature-culture borderlands*, 139-161.

IRVINE Leslie, 2003: «The Problem of Unwanted Pets: A Case Study in How Institutions "Think" about Clients' Needs», *Social Problems* 50(4), 550-566.

JABIOT Isabelle et DELFOSSE Claire, 2021: «Élevages urbains. Approches interdisciplinaires», *Études rurales* 207, 10-21.

JEROLMACK Colin, 2008: «How Pigeons Became Rats: The Cultural-Spatial Logic of Problem Animals», *Social Problems* 55(1), 72-94.

JOHNSTON Jacquelyn, 2023: «Transspecies liminality: unpacking the politics and patchy legitimization of urban human-cat relations», *Social & Cultural Geography* 0(0), 1-19.

LESTEL Dominique, 2004: *L'animal singulier*, Paris, Seuil.

MAUZ Isabelle, 2002: «Les conceptions de la juste place des animaux dans les Alpes françaises», *Espaces et societes* 110-111(3), 129-146.

MURPHY Gwénaël, 2020: «Animaux coloniaux. La présence animale dans la justice civile de la Nouvelle-Calédonie (1883-1912)», *Histoire Sociétés rurale* 54(2), 117-149.

OLAF, 2019: 19e rapport de l'Office européen de lutte antifraude, du 1er janvier au 31 décembre 2018, Luxembourg, Office des publications de l'Union européenne.

PEARSON Chris, 2021: *Dogopolis: How Dogs and Humans Made Modern New York, London, and Paris*, Chicago, IL, University of Chicago Press.

PEARSON Chris, 2017: «Stray Dogs and the Making of Modern Paris», *Past & Present* 234(1), 137-172.

PHILO Chris, 1995: «Animals, Geography, and the City: Notes on Inclusions and Exclusions», *Environment and Planning D: Society and Space* 13(6), 655-681.

RENUCCI Janine, 1970: «L'élevage en Corse. Un archaïsme menacé», *Géocarrefour* 45(4), 357-389.

RITTEL Horst W. J. et WEBBER Melvin M., 1973: «Dilemmas in a general theory of planning», *Policy Sciences* 4(2), 155-169.

VATIN François, 1990: *L'industrie du lait: essai d'histoire économique*, Paris, L'Harmattan.

ZITOUNI Benedikte, 2004: «L'écologie urbaine: mode d'existence? Mode de revendication?», *Cosmopolitiques–Cahiers théoriques pour l'écologie politique* 7, 137-148.

Putting Cows in their Place. Roaming Animals in the Shade of a Chestnut Tree in Corsica

In Corsica, while free-ranging animals are part of the landscape, cattle wandering around towns are unanimously considered to be out of place and described as 'roaming'. In an attempt to disentangle the situations covered by the term 'roaming', this article puts into perspective the way in which the stakeholders qualify the agentivity of animals and the responsibility of humans towards them. It describes the diversity of the actors involved, the ways in which the problem is posed, and the difficulties in providing answers. It shows that by transgressing the boundaries assigned to them, these animals contribute to the requalification of the spaces they frequent and of farming activity, as well as they are the result of the progressive transformation of both.

Keywords: *rural-urban, wild-domestic, human-animal, livestock, agency.*

Rinder in ihre Schranken verweisen. Das unerschöpfliche Thema der streunenden Tiere

Auf Korsika gehören frei lebende Tiere zwar zum Landschaftsbild, aber Rinder, die in der Stadt herumwandern, gehören einstimmig nirgendwo hin und werden als « streunend » bezeichnet. Wir versuchen, die Situationen, die der Begriff « Streunen » abdeckt, zu entwirren, und erklären, wie die Akteure die Agentivität der Tiere und die Verantwortung der Menschen für sie darstellen. Wir beschreiben die Vielfalt der Beteiligten, die Art und Weise, wie das Problem angegangen wird, und die Schwierigkeiten, Antworten zu finden. Die Tiere tragen, indem sie die ihnen zugewiesenen Grenzen überschreiten, dazu bei, die Räume und die Viehzucht neu zu bewerten und gleichzeitig sind sie das Produkt ihrer allmählichen Veränderung.

Stichworte: *Stadt-Land, wild-domestiziert, Mensch-Tier, Viehzucht, agency/ Agentivität.*

Le sanglier urbain, impossible cohabitation ? Les disservices et le désarroi bordelais

Carole Marin, Laurent Couderchet, Nicolas Lemoigne,
UMR Passages (CNRS 5319), Université Bordeaux Montaigne,
carole.marin@cnrs.fr, laurent.couderchet@u-bordeaux-montaigne.fr, nicolas.lemoigne@u-bordeaux-montaigne.fr[1]

Résumé

Gibier prisé, le sanglier ne se cantonne plus aux espaces ruraux chassés qui lui sont assignés. Les politiques de nature en ville ont favorisé une continuité écologique depuis les espaces agroforestiers jusqu'au cœur des agglomérations et l'animal est entré dans la ville. Dans la métropole bordelaise, les représentations portées sur l'espèce et sur les disservices qui lui sont associés fondent les politiques de gestion de la grande faune. Quatre critères interdépendants définissent les conditions de la cohabitation : l'espace, le moment, le comportement animal et les densités de ses populations. Lorsque l'animal s'en écarte, il s'agit de rétablir l'ordre imaginé par et pour l'humain.

***Mots-clés** : sanglier, ville, représentations, disservices, cohabitation.*

Introduction

L'étude du sanglier urbain et de ce qu'il provoque sur les sociétés humaines est celle d'une coexistence inédite entre le sauvage et l'humain dans un espace où la nature est soigneusement choisie. Nous traduisons les relations entre sociétés humaines et sangliers urbains en coexistence ou cohabitation. La coexistence implique la présence simultanée d'animaux et d'humains dans un même espace, elle convoque l'expression des besoins vitaux des premiers et les attentes de la nature des

[1] Carole Marin : conceptualisation, méthode, enquête de terrain, analyse formelle ; écriture : version originale, révision pour édition.
Laurent Couderchet : conceptualisation, encadrement ; écriture : révision pour édition.
Nicolas Lemoigne : conceptualisation, encadrement ; écriture : révision pour édition.

DOI: 10.33055/GEOREGARDS.2023.016.51

seconds. La cohabitation renvoie au vivre-ensemble et suppose des formes d'acceptation de la coexistence interspécifique.

Au cœur des enjeux d'aménagement, le verdissement des villes fait partie intégrante des politiques urbaines des dernières décennies (Rosol et al., 2017). Longtemps en situation de contention urbaine dessinant ceintures vertes, la nature urbaine prend aujourd'hui la forme de trames pénétrant le cœur des agglomérations dans une perspective réticulaire combinant ville et nature (Vanier, 2003). Au sens urbanistique, la trame verte urbaine est multifonctionnelle et destinée à procurer des services écosystémiques aux citadins. La planification et la gestion des espaces ouverts reposent sur le développement de leurs capacités à combiner des fonctions écologiques, sociales, économiques et culturelles (Hansen et Pauleit, 2014). Offrant sites de repos, d'alimentation, de reproduction et corridors de déplacements à la faune sauvage, la trame verte urbaine est fonctionnelle au sens écologique. Liée au développement urbain durable et au bien-être humain (Kowarik et al., 2020), la biodiversité qu'elle génère comprend aussi des espèces susceptibles d'occasionner des disservices[2]. Le sanglier en est un exemple prégnant.

Scientifiques et gestionnaires de la grande faune s'accordent sur le développement spectaculaire des populations de sangliers au cours des dernières décennies, à l'échelle européenne (Massei et al., 2015), nationale (Cardoux et Péréa, 2019) ou locale (FDC33, 2021). Désormais, le gibier prisé des chasseurs (Perrot, 2015) ne se cantonne plus aux espaces agroforestiers. Doté d'une capacité d'acclimatation (Brivio et al., 2017 ; Johann et al., 2020) et d'une prolificité remarquables (Servanty et al., 2007), il colonise en effet avec un certain succès les niches écologiques des grandes agglomérations. Berlin (Stillfried et al., 2017), Cracovie (Ciach et al., 2022), Barcelone (Hagemann et al., 2022) ou encore Bordeaux, notre terrain d'étude, sont concernées par le phénomène. La coexistence entre humains et sangliers urbains soulève d'emblée la question des risques économiques, sanitaires, sécuritaires, écologiques, esthétiques (Licoppe et al., 2014 ; Torres et al., 2020). Elle pose aussi celle de la cohabitation entre le sauvage et l'humain dans une nature urbaine support de services écosystémiques, encore largement pensée comme végétale, domptée et figée (Arnould et al., 2011 ; Bourdeau-Lepage, 2017).

La gestion de la faune urbaine repose sur l'association de campagnes de sensibilisation du public et de techniques usuellement appliquées en zones rurales pour limiter les effets du partage de l'espace avec des animaux sauvages : mise en place de clôtures et de dispositifs d'effarouchement, utilisation de répulsifs, élimination des animaux (McCance et al., 2017). Les préoccupations sanitaires, sécuritaires, écologiques ou économiques justifient souvent les mesures de régulation létales (Broz et al., 2021 ; Connors et Gianotti, 2021). Bien que fondamentale pour comprendre la contradiction entre la valorisation de la nature en ville dans ce qu'elle supporte de processus écologiques et le rejet des animaux liminaires indésirables, la notion de disservices reste largement négligée dans les discours et les débats politiques et très peu répandue dans la littérature scientifique portant sur les externalités des écosystèmes (Blanco et al., 2019 ; Lyytimäki, 2015). Cet article explore

[2] La notion de disservice renvoie aux «*fonctions, processus et attributs écosystémiques résultant en des impacts négatifs, perçus ou réels, sur le bien-être humain*» (Shackleton et al., 2016 : 590).

la place des disservices liés à l'urbanisation du sanglier dans les rapports des sociétés humaines à l'espèce.

Espèce sauvage, terrain urbain. Le cas bordelais

Soumise à un mouvement de périurbanisation et de croissance démographique soutenu (INSEE, 2020), l'agglomération bordelaise est engagée depuis des décennies dans de grands projets d'urbanisme paysager. Instauré au début des années 2000, le Schéma de cohérence territorial de l'aire métropolitaine prévoit la valorisation d'une ceinture verte productive et la continuité paysagère depuis les milieux agroforestiers périphériques jusqu'aux espaces de nature urbaine (Brigant et al., 2018). À plus grande échelle, la trame verte des paysages devient la trame verte et bleue du Plan local d'urbanisme de Bordeaux Métropole (Banzo et Couderchet, 2013). Le réseau forestier s'imbrique ainsi dans le réseau agricole pour former une continuité de milieux exploitables par l'espèce et l'aire de répartition du sanglier bordelais suit assez fidèlement le dessin de la trame verte (Marin, 2023). Or les spatialités et les comportements alimentaires du sanglier s'intègrent mal aux socio-écosystèmes urbains tels qu'ils sont actuellement pensés et conçus. Dégâts aux cultures et aux espaces verts, risques de transmission de maladies aux animaux domestiques et à l'humain, dommages sur la biodiversité animale et végétale, problèmes de sécurité publique, représentent autant de disservices liés à la fréquentation par le suidé des espaces agricoles ou naturels, des parcs et des interstices urbains (figure 1) appelant de nouvelles politiques de gestion. La pression de régulation exercée sur le sanglier bordelais augmente chaque année depuis le début des années 2010 et l'ampleur des interventions est désormais considérable. Entre le 1er juillet 2020 et le 30 juin 2021, 938 sangliers ont été tués dans les communes de la Métropole (données Préfecture et FDC33, 2022). La multiplication des plaintes rapportées aux services communaux et métropolitains suggère toutefois l'incapacité des stratégies gestionnaires à contenir les dynamiques spatiales et démographiques de l'animal.

Le « problème » du sanglier bordelais est caractérisé par la carence de diagnostics relatifs aux dynamiques des sangliers urbains et aux effets de la coexistence. Les dégâts aux cultures urbaines à haute valeur ajoutée ne sont ni expertisés ni recensés ; les dernières données de collisions automobiles avec l'espèce remontent à l'année 2008 ; la pression de régulation, unique indicateur des densités de sangliers, est dispersée dans différentes structures gestionnaires et nécessite un prétraitement conséquent avant exploitation. En l'absence de données fiables, les représentations collectives du phénomène et des nuisances façonnent les rapports à l'espèce, déterminent la tolérance ou le rejet de la coexistence et fondent la construction des politiques gestionnaires. L'hypothèse principale que nous explorons est celle d'une constante articulation des discours portés sur l'urbanisation du sanglier à la notion de disservices, socle de la légitimation de la régulation. Nous discutons dans cet article des facteurs contribuant à définir les conditions de la coexistence, pacifique ou conflictuelle, entre humains et sangliers. Nous les nommons critères de la cohabitation. L'étude de la situation bordelaise permet ensuite d'ouvrir la réflexion sur le décalage entre la construction des politiques gestionnaires actuelles de la grande faune urbaine et les théories contemporaines visant à décentrer le point de vue strictement humain pour (re)penser la coexistence interspécifique.

Figure 1 : Disservices liés à la coexistence avec le sanglier dans l'agglomération bordelaise.

(i) Boutis le long des pieds de vigne (C. Marin, novembre 2020) ; (ii) Proximité entre bêtes rousses et faune domestique (A. Bournissout, juin 2022) ; (iii) Collision automobile (J. Werno, avril 2021) ; (iv) Détérioration des clôtures bordant la rocade (C. Marin, août 2020), (v) Dégâts sur les départs des golfeurs (C. Marin, avril 2021) ; (vi) Retournement des sols forestiers (J. Werno, juillet 2020).

Saisir les représentations d'acteurs portées sur le sanglier urbain

Le matériau est collecté sur les bases d'une immersion de quatre années (2018-2022) en terrain bordelais. Le corpus réunit les discours de 111 acteurs, répartis en cinq groupes sociaux dont la constitution repose sur la combinaison de deux critères : l'appartenance socioprofessionnelle des acteurs définissant la nature de leurs préoccupations et leurs degrés d'investissement dans la maîtrise du phénomène et de ses effets ; le type de relations que les acteurs entretiennent entre eux[3]. Le corpus est analysé par théorisation ancrée (Paillé, 1995), complété par les résultats d'une enquête numérique distribuée aux chasseurs en mars 2019 à l'échelle départementale et pour laquelle 2 869 observations sur un total de 4 569 sont retenues après redressement de l'échantillon sur le genre, l'âge et la zone de résidence. Nous analysons dans cet article les réponses aux deux questions ouvertes suivantes : «*Les mots qui me viennent directement à l'esprit, sans réfléchir, quand je pense au sanglier*» (4 264 mots recueillis) puis «*au sanglier en ville*» (3 694 mots recueillis). Nous nous saisissons ainsi de l'opportunité d'analyser la perception du phénomène par un public élargi et averti. Nous postulons en effet que les connaissances de l'espèce et des enjeux de la coexistence sont conditionnées par la proximité des acteurs aux pratiques associées à l'animal. Le tableau 1 présente les caractéristiques des six groupes sociaux sur lesquels nos analyses s'appuient.

Tableau 1 : Répartition et caractéristiques des acteurs enquêtés

Groupe social	Caractéristiques	Composition (effectifs)
Groupe 1 (G-1)	Acteurs investis d'une responsabilité dans les dispositifs de gestion des populations, connaisseurs du phénomène, du terrain, des autres acteurs et de l'espèce*	Responsables cynégétiques fédéraux (27)
		Adhérents et responsables d'associations de chasse (24)
		Agents de la Préfecture (4)
		Lieutenants de louveterie et piégeurs agréés (7)
Groupe 2 (G-2)	Acteurs militants écologistes, en charge notamment de la gestion de la Réserve nationale naturelle de Bruges, espace préservé le plus remarquable de la Métropole**	Salariés et responsables de l'association écologiste SEPANSO (3)

[3] La gestion du sanglier bordelais catalyse des tensions entre acteurs aux intérêts, pratiques et systèmes de valeurs divergents. Les désaccords s'expriment à travers d'incessants combats de légitimité dont l'enjeu est davantage territorial et politique que gestionnaire (Marin, 2023). La conflictualité entre humains n'est pas au cœur de cet article. Elle permet toutefois d'appuyer la répartition des acteurs dans différents groupes sociaux.

GROUPE SOCIAL	CARACTÉRISTIQUES	COMPOSITION (EFFECTIFS)
Groupe 3 (G-3)	Acteurs engagés en faveur de la cause animale contraints de décider de mesures de gestion de la grande faune et/ou de les piloter	Élus communaux (2)
		Chargés de mission communaux (2)
Groupe 4 (G-4)	Élus et chargés de mission communaux et des collectivités territoriales non animalistes, pour beaucoup nouvellement confrontés aux enjeux liés à la grande faune urbaine	Maires et leurs adjoints, conseillers et chargés de mission municipaux (19)
		Élus, conseillers et chargés de mission métropolitains (9)
Groupe 5 (G-5)	Acteurs subissant directement les conséquences des intrusions du suidé dans leurs sphères privées et/ou professionnelles	Représentants du monde agricole (2)
		Gestionnaires et agents d'entretien d'espaces verts privés ou municipaux (5)
		Spécialistes de l'aménagement (5)
		Grands propriétaires fonciers (2)
Groupe 6 (G-6)	Acteurs disposant d'une forte proximité à l'espèce sanglier (les chasseurs observent, pistent, traquent et consomment l'espèce)	Chasseurs de la Gironde (2869)

* En France, la gestion du sanglier repose sur le monde cynégétique associatif. La loi de finances de 1968 a supprimé le droit d'affût des agriculteurs sur leurs parcelles et a institué en contrepartie le régime d'indemnisation des dégâts agricoles causés par le grand gibier par les chasseurs (CHARLEZ, 2008). En Gironde, 80 % de la facture est imputée au sanglier (données FDC33, 2020). Espèce gibier, le sanglier girondin change de statut en dehors de la saison cynégétique et dans les espaces non chassés pour devenir « espèce susceptible d'occasionner des dégâts » (ESOD). Le classement est sanctionné par un arrêté préfectoral renouvelé annuellement, principalement destiné à « *prévenir les dommages importants aux activités agricoles, forestières et aquacoles et ceux à d'autres formes de propriétés* » (Art. R427-6 du Code de l'environnement). La régulation du « sanglier SOD » est confiée à des lieutenants de louveterie, auxiliaires de l'État assermentés. Composé de chasseurs bénévoles, le corps des louvetiers représente la déclinaison administrative de la chasse.

** Dans cette aire protégée, la régulation administrative du sanglier est déléguée aux gestionnaires du site.

UNE COHABITATION SOUS CONDITIONS

L'analyse du matériau produit dans le cadre de la recherche révèle quatre déterminants dans l'appréciation de l'espèce et du problème : l'espace partagé, le comportement animal, le moment de la coexistence et les densités de population. Entremêlés, ces facteurs modulent la perception en quantité et qualité des services et des disservices motivant les postures gestionnaires.

L'espace et la juste place

L'espace de la coexistence revêt une importance capitale dans les considérations portées à l'animal et le traitement qui lui est réservé. L'aire de répartition originelle de l'espèce tient une place centrale dans l'égard porté sur elle, la justification de son élimination, ou encore la considération de la souffrance animale lors de la mise à mort (Crowley et al., 2018; Körnherr et Pütz, 2022). Les gestionnaires ou experts des questions d'aménagement et de biodiversité bordelais s'accordent sur la nécessité de réparer l'erreur humaine à l'origine de l'existence d'espèces «exotiques» (potentiellement «envahissantes»). Le sanglier est quant à lui autochtone, mais cette caractéristique ne le dispense pas de rester à sa «*juste place*». Introduite par Mauz (2002), la notion désigne l'attribution d'une place qui prescrit à la fois un espace et un comportement à chaque espèce animale. Dans la conception vernaculaire, l'animal sauvage est farouche et évolue loin de l'espace domestique; dans la conception savante, il doit être autonome et autochtone. Nombre de chasseurs girondins (G-6) considèrent la présence du sanglier en ville comme *anormale* (106)[4]; le sanglier *n'est pas à sa place* dans l'espace urbain ou *n'a rien à y faire* (86 pour les deux idées regroupées). Le phénomène est perçu comme la résultante d'une double transgression spatiale: celle de l'humain qui envahit les espaces naturels et celle de l'animal sauvage contraint de rejoindre l'espace domestique. L'*urbanisation* (125) représente le troisième terme le plus cité en réponse à l'expression sanglier en ville; le terme *territoire* (98) est le plus souvent associé à l'idée d'empiétement de l'espace vital du sanglier par les constructions humaines; la *déforestation* revient 48 fois; la perte d'*espace* et de *biotope* comptabilisent ensemble 20 occurrences:

> «*Ce sont des animaux qui ne savent pas où aller*»; «*Avant là ils étaient chez eux*»; «*Nous empiétons sur son espace… Il pénètre sur le nôtre… Il fait partie de la nature et vit lui aussi!*» (G-6, 2019)

Dans la conception des chasseurs enquêtés, c'est la ville qui vient à la campagne et les caractéristiques morphologiques et écologiques des espaces de nature urbaine ne sont pas envisagées. À la différence de leurs adhérents, les responsables du monde cynégétique institutionnel (G-1) insistent sur l'affinité du sanglier urbain pour les zones enfrichées et non chassées, désignées comme espaces de quiétude pour l'espèce. Dans tous les cas, la juste place des sangliers repose, pour l'ensemble des acteurs interrogés, sur l'association du biotope forestier à l'espèce. Le zonage est non seulement physique mais aussi symbolique. En Europe de l'Ouest, «*est sauvage, on le sait, ce qui procède de la silva*» (Descola, 2005: 99). Nos résultats montrent le basculement des représentations des chasseurs (G-6) portées sur l'espèce dès lors qu'elle s'installe en ville. Fort mobilisés pour qualifier le *sanglier*, le caractère *sauvage* (239), l'*intelligence* (152; regroupé avec les termes *malin* et *rusé*), la *force*, la *puissance* et la *combativité* (102 pour les trois termes réunis) disparaissent quasiment des réponses à l'expression sanglier en ville. L'urbanisation du sanglier s'accompagnerait ainsi d'une forme de «désauvagement» de l'animal:

> «*Totalement anormal. Un vrai sanglier bien sauvage et sous pression de prédation normale ne se comporterait jamais de la sorte. C'est une bête sauvage*

[4] Les effectifs indiqués entre parenthèses à la suite des termes indiquent leurs occurrences.

à l'origine que l'on doit confiner sur son territoire naturel » ; « *Ce n'est plus un véritable sanglier* » (G-6, 2019).

Ces assertions semblent toutefois reposer sur une fiction : « *l'idée que l'animal sauvage fait partie intégrante de la nature dans laquelle il serait enraciné* » (Zask, 2020 : 68). Les animaux sont mobiles et s'adaptent aux environnements anthropisés, leur aire de répartition évolue au cours du temps. Donaldson et Kymlicka (2011) introduisent ainsi la catégorie des espèces liminaires dont les sangliers se font représentants désormais, à l'instar des rats depuis fort longtemps. Les chasseurs, les responsables cynégétiques et les louvetiers s'accordent d'ailleurs sur la capacité d'adaptation des sangliers. Pour ces acteurs régulièrement au contact de l'animal, l'explication se trouve au moins en partie dans les traits de l'espèce : plasticité comportementale et alimentaire, fonctionnement social, dynamiques de populations. Mais la juste répartition spatiale des animaux relève aussi d'attentes fonctionnelles liées à l'espèce :

> « *Le sanglier il est partout, on le traite partout de la même façon. Alors on le traite peut-être, je ne vais pas dire sévèrement, mais avec beaucoup plus d'attention dans des zones qui ne sont pas promises à la chasse que dans d'autres zones où le sanglier il n'est pas gênant, il fait quelques dégâts mais bon, soyons très clair, il donne aussi du plaisir aux chasseurs. Ce qui est gênant c'est que le sanglier n'a pas sa place dans le contexte périurbain, urbain. Ici, ce n'est pas de la chasse plaisir que l'on fait, c'est de la destruction pour des ESOD* » (G-1, 2020).

Dans les espaces chassés, les populations de sangliers fournissent des services culturels (chasse) et d'approvisionnement (venaison). Dans l'urbain, la pratique cynégétique se complique. Tandis que les chasseurs girondins (G-6) associent le sanglier *gibier* (202) à la *chasse* (115) et à la pratique de la *battue* (120), ces trois termes ne recueillent que de très faibles occurrences dans le corpus de mots se rapportant au sanglier en ville (3, 18 et 13, respectivement). Devenu moins sauvage et ne remplissant plus ses fonctions de gibier, le sanglier urbain conserverait toutefois sa dangerosité et son comportement destructeur, deuxième critère humain de la cohabitation interspécifique.

Un comportement inapproprié

À l'association d'un espace à une espèce s'ajoute la prescription de « *bonnes manières* » aux animaux (Mauz, 2002). S'intéressant aux modalités de gestion de la faune urbaine dans différentes villes des États-Unis, Hunold et Mazuchowski (2020) montrent le passage de situations conflictuelles à des formes de cohabitation entre l'humain et certaines espèces de prédateurs. Toutefois, « *la légitimité des revendications des animaux sauvages sur les espaces urbains partagés reste souvent subordonnée à leur bon comportement* » (2020 : 1). Sur le terrain bordelais, la présence du sanglier est plus ou moins acceptable selon la propension de l'espèce à respecter les « *efforts que déploient les humains pour ordonner un tant soit peu la nature à leur profit* » (Micoud, 2010 : 101). Tandis que le sanglier n'est pas pensé urbain, la nature en ville n'est pas pensée sauvage. Indifférent aux besoins et aux attentes, imprévisible, potentiellement dangereux, hors de contrôle ou simplement indépendant, le sanglier bordelais contrarie les attentes humaines de la nature urbaine. Les disservices représentent ainsi la première thématique abordée par les chasseurs girondins (G-6) en réponse à l'expression sanglier en ville. Le mot *danger* (681) est le plus cité, il est suivi par le mot *problèmes* (146). Les autres désagréments (*dégâts*, *accidents*, *nuisances*, *sécurité*, *peur* et *risques*) regroupent ensemble 170 occurrences. Les disservices tiennent également la première place dans les discours des décideurs et gestionnaires. Le sanglier bordelais détruit le travail des jardiniers :

> « *Quand vous arrivez le matin et que le jardinier a un départ de retourné, vous avez deux solutions : soit vous baissez la tête, soit 3 ou 4 jardiniers replaquent tout de suite. Si le lendemain ils sont rentrés à nouveau, ou s'ils sont là parce que vous ne savez pas où ils sont… Nos jardiniers, mentalement ça les plombe. Ce sont des jours de travail de perdus et ce sont eux qui prennent les critiques des joueurs* » (G-5, 2021).

Il consomme les productions des agriculteurs :

> « *Le sanglier est une source de désagréments à de multiples niveaux. Pour les exploitants, les dégâts c'est à la fois une moins-value économique et une souffrance psychologique car ils survivent avec ces indemnisations et non avec le fruit de leurs productions* » (G-4, 2021).

Son comportement alimentaire fragiliserait les écosystèmes dont la préservation s'inscrit dans des objectifs de conservation de la biodiversité remarquable :

> « *Je me replonge aux premières années de l'apparition du sanglier, avant les mesures de régulation dans la réserve, où on avait effectivement des choses catastrophiques avec des prairies à 80 % retournées* […] *Certains milieux ne s'en remettent jamais* » (G-2, 2019).
>
> « *Sur les mares on essaie de maintenir une certaine biodiversité mais ils nous ravagent tout, les sangliers, c'est la même chose pour eux, ils ne font pas la différence* » (G-5, 2020).

Face à la « *multiplication des problèmes dus aux ESOD* », les services métropolitains s'engagent fin 2021 dans la constitution de comités techniques dont l'objectif est de « *répondre concrètement aux urgences de terrain* » (G-4, 2021). Le sanglier urbain incarne cette faune SOD. Dans le parc métropolitain des Jalles à vocation agricole, c'est la préoccupation économique qui motive le plus les politiques publiques à se saisir de la question. Assujetti au dispositif légal des indemnisations agricoles, le monde de la chasse s'appuie également sur l'argument financier pour asseoir ses réticences à la présence de l'espèce en ville. Parallèlement à la préoccupation économique, les risques liés au contact physique entre le sanglier et l'humain sont particulièrement redoutés. La perception du danger semble alors influencée par les responsabilités et connaissances respectives : avertis par les agents de terrain d'accidents de la route impliquant la grande faune, les gestionnaires cynégétiques et les élus redoutent les risques de collisions automobiles. Les gestionnaires des espaces verts s'inquiètent quant à eux de l'évolution comportementale de l'espèce qui, sur des sites accueillant du public, leur apparaît de moins en moins intimidée par la présence humaine :

> « *J'en ai approché des centaines de fois. Mais ici il y a un phénomène que j'observe, c'est l'absence de peur de l'homme et ça je ne l'ai pas vu autour. Et ça m'inquiète d'avoir des sangliers qui ne réagissent pas, ce n'est pas normal et c'est dangereux* » (G-2, 2020).

Le danger lié à une perte du comportement d'évitement de l'humain de la part d'une bête de cette carrure ajoute un argument presque indiscutable au rejet d'une possible cohabitation. Principalement économique et sécuritaire, la nuisance est aussi esthétique pour les propriétaires fonciers, les responsables et les agents d'entretien de sites privés ou municipaux.

Le moment de la nuisance

Tandis que les désagréments s'envisagent à travers le prisme des rapports à la nature, au territoire et aux autres vivants de chacun des groupes d'acteurs, leur survenue et leur perception varient en fonction des périodes de l'année. Le moment de la coexistence est le troisième critère déterminant la tolérance à la présence de sangliers bordelais. Les conséquences des intrusions des sangliers dans les parcelles maraîchères ou maïsicoles varient selon le calendrier cultural, la phénologie des milieux et les conditions météorologiques modulent l'apparition de dégâts sur les prairies humides de la Réserve de Bruges ou sur les pelouses arrosées du golf et l'approche de la Toussaint justifie l'abattage des animaux au parc cimetière :

> « *Avec la Toussaint qui arrivait, on avait une grosse pression des gens qui venaient nettoyer les concessions, et donc une battue a été organisée, qui a donné satisfaction puisque des femelles ont été abattues avec des petits… Donc ça a bien limité les dégâts, on n'a plus eu d'apparition de traces pendant deux bonnes semaines. Et après les sangliers malheureusement sont revenus* » (G-5, 2021).

La perception de la coexistence comme un problème à traiter est donc conjoncturelle, mais les solutions ponctuelles et localisées ne suffisent à le faire disparaître.

De trop fortes densités ?

Le critère numérique intervient enfin dans la construction des appréciations des animaux et des traitements qui leur sont réservés. Pour Poinsot (2012 : 165), « *la rareté justifie la protection et la mise en exergue du rôle dans les chaînes trophiques ou la biodiversité. La forte densité engendre au contraire une qualification dans le registre "ressource", voire une dépréciation dans le registre "nuisible".* » Dans la métropole parisienne, la perruche à collier perd de son charme exotique à mesure de l'augmentation de ses densités tandis que les impacts négatifs de sa présence deviennent visibles (Berthier et al., 2017). La juste densité des sangliers est quant à elle variable selon les espaces considérés. Dans les espaces agroforestiers, la chasse s'institue comme garante du maintien d'un « équilibre agro-sylvo-cynégétique », correspondant à la fois à des densités de gibier suffisantes pour maintenir l'intérêt des chasseurs et à des effectifs compatibles avec les enjeux agricoles et sylvicoles (Articles L420-1 et L425-4 du Code de l'environnement). Au fondement même des politiques de gouvernance de la grande faune, la notion d'équilibre renvoie ainsi à une juste densité des animaux conditionnant le rapport entre bénéfices et nuisances. Dans l'urbain, les disservices ne sont pas contrebalancés par les services et l'arrivée du sanglier est présentée comme une invasion par un animal à la démographie incontrôlable :

> « *C'est vrai que les questions qu'il y a autour du sanglier sont des questions complètement légitimes parce qu'aujourd'hui la population est dramatique, aujourd'hui je ne peux pas dire le contraire, le sanglier est trop présent* » (G-3, 2022).

Au cœur des discours et justifiant la construction des politiques gestionnaires, les incidents ne font pourtant l'objet d'aucun suivi. Les représentations que les acteurs se font de leur intensité et de leur fréquence les conduisent toutefois à s'accorder sur la recherche d'un « équilibre » :

> « *Le problème, c'est la surpopulation. Tant qu'il est en équilibre, le sanglier ne pose pas de problèmes* » (G-4, 2022).
>
> « *On est bien conscients qu'il faut qu'on laisse aussi faire l'écosystème mais jusqu'à quel point avant que ça ne génère des nuisances aux riverains et que ça ne devienne insupportable ? Et notre position c'est de trouver un équilibre* » (G-3, 2021).

Tandis que l'équilibre des socio-écosystèmes urbains de la Métropole n'est pas défini, les connaissances actuelles ne permettent pas d'établir précisément l'état des populations de sangliers, ni à Bordeaux, ni en Gironde, ni en France, en Europe ou dans le monde. Les capacités de charge des différents milieux ne sont pas davantage connues et les impacts de la coexistence sur les activités humaines ne sont pas recensés. Bien qu'ils semblent avancer à l'aveugle, les acteurs s'accordent sur une approche interventionniste de la nature :

> « *En tant que gestionnaires, on doit mettre en place une certaine gestion qui permette de trouver un équilibre entre l'animal et les intérêts économiques des concitoyens. L'extermination dans cet espace, on n'y arrivera pas, même si ça aurait été la chose la plus simple pour résoudre tous les problèmes et comme ça on n'en parle plus !* » (G-1, 2020).
>
> « *Il y a un équilibre à trouver. Que ce soit n'importe quelle espèce animale ou végétale, en tant que gestionnaire on se doit de réguler si une espèce prend le dessus sur l'autre* » (G-5, 2020).

Quitte à user de méthodes d'abattages systématiques :

> « *À partir du moment où il y a un débordement, une explosion, il faut gérer, il faut diminuer la population. Qu'est-ce qu'il y a à savoir de plus ?* » (G-1, 2020)
>
> « *À réguler avec grande sévérité. Cette solution ne doit pas s'appliquer dans son milieu naturel* » (G-6, 2019).

Bien imprégnée dans les esprits, l'idée d'équilibre se fonde davantage sur la conviction du dérèglement d'une nature urbaine pensée sans disservice qu'elle ne s'appuie sur des objectifs clairement délimités. Les représentations que les acteurs se font des dynamiques animales justifient la régulation pour ramener les effectifs en deçà d'un seuil que personne ne connaît.

(Re)penser la coexistence : une approche plus qu'humaine

Une perspective anthropocentrée

Sur le terrain girondin, nous observons des rapports au sanglier dans un registre dichotomique de fascination ou de rejet. L'ambivalence des rapports à l'espèce trouve son origine dans l'aspiration à un environnement support de services écosystémiques, vision à laquelle les comportements du sanglier répondent ou ne répondent pas selon les conditions de la coexistence. Par définition, les services écosystémiques concernent les fonctions naturelles dont les sociétés humaines bénéficient, consciemment ou non, directement ou indirectement (Costanza et al., 2017). Destinés à maximiser les services écosystémiques sur de petits espaces, les corridors écologiques ménagés dans les villes sont aussi à l'origine de nuisances liées au fonctionnement des écosystèmes urbains (Lyytimäki et al., 2008). Les disservices qui nous intéressent renvoient à l'expression des besoins propres d'animaux indifférents aux critères humains de la cohabitation et le sanglier bordelais devient «*tuable*» (Mazhary, 2021). Or la régulation d'une population ne se résume pas à la mort animale, elle renvoie à un panel d'idées, de perceptions, d'hypothèses et de pratiques (Baker et al., 2006). En l'absence de connaissance fine du modèle animal, les stratégies gestionnaires s'appuient sur un ensemble de présuppositions : dérèglement naturel ; intrusion du sauvage dans un espace où il n'a pas sa place ; nécessité de recouvrir un état d'équilibre pensé par et pour l'humain. Pour lutter contre ce qui est communément perçu comme une dérive spatiale de l'espèce, la mise à distance des animaux s'institue comme une évidence. Les acteurs focalisent les discussions autour de modalités gestionnaires concrètes et les réflexions récentes s'articulent autour de la mise en œuvre des méthodes les plus efficaces pour réduire les densités animales. La lutte engagée contre les animaux gênants est désormais institutionnalisée, caractérisant une approche anthropocentrée dans laquelle le sanglier est réifié.

Mettant en exergue l'imbrication des soins et des préjudices portés à la nature urbaine, la situation révèle les contradictions morales des politiques gestionnaires de la grande faune urbaine, dont l'efficacité se mesure à l'aune du nombre de sangliers abattus par l'administration ou prélevés par la chasse. Se pose la question de la souffrance et de la mort d'animaux sentients dans un contexte d'incertitude générale quant à l'efficacité des mesures sur leurs dynamiques et spatialités. La stratégie gestionnaire interroge également les systèmes de valeurs des régulateurs enrôlés dans le dispositif (Emond et al., 2021 ; Keuling et al., 2016) et l'acceptation des mesures de régulation par les habitants (Basak et al., 2022 ; Kotulski et König, 2008). À Barcelone, Arregui (2023) étudie les transformations relationnelles provoquées par les rencontres intimes et quotidiennes entre «*spécimens*» de l'espèce sanglier et citadins. Tandis que l'approche conservationniste des gestionnaires considère la coexistence entre humains et espèces animales (au sens biologique, éthologique ou écologique) dans un espace, celle des habitants renvoie aux expériences inter-individuelles vécues. Cette différence fondamentale pourrait alimenter les controverses citoyennes relatives aux politiques de gouvernance de la faune liminaire, déjà largement relayées sur les réseaux sociaux.

Décentrer le point de vue : un défi méthodologique

L'investissement des espaces urbains par la vie sauvage concerne de nombreuses espèces animales et de nombreuses villes à travers le monde. De nombreuses publications s'en font écho, très majoritairement en sciences de la vie (Collins et al., 2021). Les questionnements sociaux soulevés par le phénomène émergent également en philosophie (Michelfelder, 2018 ; Zask, 2020), en géographie plus qu'humaine (Hinchliffe et Whatmore, 2006 ; Steele et al., 2019 ; Wolch, 2002), en anthropologie (von Essen et Redmalm, 2023), en urbanisme ou en architecture (Gilsoul, 2019 ; Houston et al., 2018). Ces recherches en sciences humaines ont en commun d'ouvrir la réflexion sur de nouvelles façons de penser la coexistence interspécifique appelant à imaginer des «*formes extra- humaines du pacte et de l'accord*» (Morizot, 2017 : 79).

L'ensemble des réflexions synthétisées dans ce qui précède renvoie au modèle humain, à ses attentes et à ses réactions à une situation nouvelle impliquant d'autres vivants. Si le problème posé par la faune sauvage urbaine est géographique et socio-culturel, il est aussi et d'abord biologique. La déconstruction d'une lecture anthropocentrée du monde peut résider dans l'adoption du point de vue animal pour raconter une autre vision de l'histoire (Baratay, 2012), une version différente des relations entre humains et sangliers (Mathévet et Bondon, 2022). Elle peut conduire, par exemple, à une mise en dialogue de la géographie humaine et de géographies animales individuelles (van Patter, 2022). L'étude symétrique des animaux et des humains appelle quant à elle à une prise en compte des «*atmosphères animales*» (Lorimer et al., 2019) et à une articulation entre sciences de la vie et sciences humaines (Bortolamiol et al., 2017 ; Hodgetts et Lorimer, 2015 ; Marin, 2023). Les interactions entre société et faune sauvage urbaine s'inscrivent dans un socio-écosystème complexe impliquant les réponses du modèle humain aux conséquences du fonctionnement des populations animales et celles du modèle animal aux stratégies humaines. L'étude globale du problème implique donc celle de l'adaptation des animaux aux milieux urbains (Ritzel et Gallo, 2020), celle des réponses démographiques des populations animales face aux politiques de régulation (Gamelon et al., 2011), celle des facteurs externes et internes régissant les déplacements des sangliers (Nathan et al., 2008), celle des mobilités animales dans ce qu'elles traduisent d'expériences incarnées par les animaux (Hodgett et Lorimer, 2020) et de flexibilités comportementales individuelles (Brogi et al., 2022). Si les études sur la biologie, l'éthologie ou l'écologie du sanglier ne fournissent pas l'ensemble des éléments nécessaires à la compréhension du phénomène, elles sont incontournables pour objectiver les situations et pour dépasser les préjugés. C'est à travers l'intégration des comportements des espèces sauvages liminaires dans la construction des politiques d'aménagement urbain et dans les modèles de gouvernance de la faune urbaine que les modalités gestionnaires pourront se préciser et que les systèmes de représentation du problème évolueront.

Conclusion

Conservation de la biodiversité, maintien d'un équilibre naturel fragile, réensauvagement sont autant de notions au cœur des ambitions des politiques écologiques contemporaines. Que se passe-t-il lorsque l'imprévu rattrape les représentations, les pratiques et les stratégies humaines ? C'est ce que nous avons exploré à travers l'investissement d'espaces sensibles par le représentant emblématique d'une faune qui, en se déployant sous leurs fenêtres, prend de court les sociétés humaines. Le sanglier urbain s'aventure hors des zonages qui lui sont destinés, il ne se plie ni aux représentations humaines d'une nature urbaine support de seuls services écosystémiques, ni aux stratégies gestionnaires qui le ciblent. Ce faisant, il renvoie aux limites et aux contradictions de l'intendance humaine sur la nature, au caractère illusoire d'une pleine maîtrise d'une nature en perpétuel mouvement. La situation interroge les rapports des humains à la nature et au vivant, les représentations portées au sauvage, les politiques d'aménagement et de gestion de la grande faune. Elle invite enfin à penser les apports de la science dans la compréhension du phénomène et dans l'orientation des réponses gestionnaires. Il n'existe probablement pas de bonnes façons de faire avec ou contre la présence des animaux en ville. En revanche, il est possible d'imaginer des dispositifs adaptés au contexte, intégrés dans des stratégies collectives en dialogue, et justifiées par la connaissance.

Remerciements

Nous remercions l'ensemble des personnes enquêtées pour le temps qu'elles nous ont accordé.

Merci à la Fédération des chasseurs de la Gironde pour la transmission des données de prélèvements de sangliers et des montants d'indemnisation des dégâts causés par le grand gibier, ainsi que pour la diffusion de l'enquête numérique auprès de ses adhérents.

Nous adressons également nos remerciements aux relecteurs pour leurs commentaires constructifs sur le manuscrit.

Financement

Le matériau, les analyses et les réflexions exposés dans cet article ont été produits dans le cadre d'une recherche doctorale conduite à l'Université Bordeaux Montaigne et à l'UMR Passages (CNRS 5319) et financée par un contrat doctoral du ministère de l'Enseignement supérieur et de la Recherche français. Cette thèse intitulée « Sauvage en ville, le sanglier bordelais », a été réalisée par Carole Marin et dirigée par Laurent Couderchet et Nicolas Lemoigne. Elle a été initiée le 1er septembre 2018 et soutenue le 26 juin 2023.

Bibliographie

Arnould Paul, Le Lay Yves-François, Dodane Clément, Méliani Inès, 2011 : « La nature en ville : l'improbable biodiversité », *Géographie, économie, société* 13, 45-68.

Arregui Anibal G, 2023 : « Reversible pigs. An infraspecies ethnography of wild boars in Barcelona », *American ethnologist* 50, 115-128.

Baker Steve, Burt Jonathan, Donald Diana, Fudge Erica, Marvin Garry, McKay Robert, Palmer Clare, Wilbert Chris, 2006 : « Introduction », in : The Animal Studies Group (ed.), *Killing animals*, Chicago, University of Illinois 1108 Press, 1-9.

Banzo Mayté, Couderchet Laurent, 2013 : « Intégration de l'agriculture aux politiques et projets territoriaux urbains. Le cas bordelais », *Sud-Ouest européen* 35, 5-16.

Baratay Eric, 2012 : *Le Point de vue animal. Une autre version de l'histoire*, Paris, Seuil.

Basak Sayantani M., Hossain Md Sarwar, O'Mahony Declan T., Okaram Henryk, Widera E., Wierzbowska Izabela A., 2022 : « Public perceptions and attitudes toward urban wildlife encounters – A decade of change », *Science of the Total Environment* 834, 1-11.

Berthier Alizé, Clergeau Philippe, Raymond Richard, 2017 : « De la belle exotique à la belle invasive : perceptions et appréciations de la Perruche à collier (Psittacula krameri) dans la métropole parisienne », *Annales de géographie* 716, 408-434.

Blanco Julien, Dendoncker Nicolas, Barnaud Cécile, Sirami Clélia, 2019 : « Ecosystem disservices matter : Towards their systematic integration within ecosystem service research and policy », *Ecosystem Services* 36, 1-12.

Bortolamiol Sarah, Raymond Richard, Simon Laurent, 2017 : « Territoires des humains et territoires des animaux : éléments de réflexions pour une géographie animale », *Annales de géographie* 716, 387-407.

Bourdeau-Lepage Lise, 2017 : *Nature en ville. Désirs et controverses*, Bruguières, Éditions La Librairie des territoires.

Brigant Frédéric, Giunta Luana, Labèque Sylvia, 2018 : « Le SCoT de l'aire métropolitaine bordelaise : de la métropole au projet intégré de territoire », *Scienze del territorio* 6, 242-257.

Brivio Francesca, Grignolio Stefano, Brogi Rudy, Benazzi Michele, Bertolucci Cristiano, Apollonio Marco, 2017 : « An analysis of intrinsic and extrinsic factors affecting the activity of a nocturnal species : The wild boar », *Mammalian Biology* 84, 73-81.

Brogi Rudy, Apollonio Marco, Brivio Francesca, Merli Enrico, Grignolio Stefano, 2022 : « Behavioural syndromes going wild : individual risk-taking behaviours of free-ranging wild boar », *Animal Behaviour* 194, 79-88.

Broz Ludek, Garcia Arregui Anibal, O'Mahony Kieran, 2021 : « Wild Boar Events and the Veterinarization of Multispecies Coexistence », *Frontiers in Conservation Science* 2, 1-10.

Cardoux Jean-Noël, Perea Alain, 2019 : « Restaurer l'équilibre agro-sylvo-cynégétique pour une pleine maîtrise des populations de grand gibier et de leurs dégâts à l'échelle nationale », *Rapport parlementaire.*

Charlez Annie, 2008 : « Le sanglier, le droit et l'indemnisation des dégâts », *Faune sauvage* 282, 51-58.

Ciach Michal, Tetkowski Piotr, Fedyn Izabela, 2022 : « Local-scale habitat configuration makes a niche for wildlife encroaching into an urban landscape : grubbing sites of wild boar Sus scrofa in a city matrix », *Urban Ecosystems* 26, 629-639.

Collins Merri K., Magle Seth B., Gallo Travis, 2021 : « Global trends in urban wildlife ecology and conservation », *Biological Conservation* 261, 1-8.

Connors John Patrick, Gianotti Short Anne, 2021 : « Becoming Killable : White-tailed deer management and the production of overabundance in the Blue Hills », *Urban Geography* 0(0), 1-23.

Costanza Robert, De Groot Rudolf, Braat Leon, Kubiszewski Ida, Fioramonti Lorenzo, Sutton Paul, Farber Steve, Grasso Monica, 2017 : « Twenty years of ecosystem services : How far have we come and how far do we still need to go ? », *Ecosystem Services* 28, 1-16.

Crowley Sarah L., Hinchliffe Steve, McDonald Robbie A., 2018 : « Killing squirrels : Exploring motivations and practices of lethal wildlife management », *Environment and Planning E : Nature and Space* 1, 120-143.

Descola Philippe, 2005 : *Par-delà nature et culture*, Paris, Gallimard.

Donaldson Sue, Kymlicka Will, 2011 : *Zoopolis*, Oxford, Oxford University Press.

Emond Pauline, Bréda Charlotte, Denayer Dorothée, 2021 : « Doing the "dirty work" : how hunters were enlisted in sanitary rituals and wild boars destruction to fight Belgium's ASF (African Swine Fever) outbreak », *Anthropozoologica* 56(6), 87-104.

FDC33 (Fédération départementale des chasseurs de la Gironde), 2021 : *Schéma départemental de gestion cynégétique 2021-2027*, Ludon-Médoc.

Gamelon Marlène, Besnard Aurélien, Gaillard Jean-Michel, Servanty Sabrina, Baubet Eric, Brandt Serge, Gimenez Olivier, 2011 : « High hunting pressure selects for earlier birth date: wild boar as a case study », *Evolution* 65(11), 3100-3112.

Gilsoul Nicolas, 2019 : *Bêtes de villes. Petit traité d'histoires naturelles au cœur des cités du monde*, Paris, Fayard.

Hagemann Justus, Conejero Carles, Stillfried Milena, Mentaberre Gregorio, Castillo-Contreras Raquel, Fickel Jorns, Lopez-Olvera Jorge Ramon, 2022 : « Genetic population structure defines wild boar as an urban exploiter species in Barcelona, Spain », *Science of the Total Environment* 833, 1-10.

Hansen Rieke, Pauleit Stephan, 2014 : « From Multifunctionality to Multiple Ecosystem Services ? A Conceptual Framework for Multifunctionality in Green Infrastructure Planning for Urban Areas », *AMBIO* 43(4), 516-529.

Hinchliffe Steve, Whatmore Sarah, 2006 : « Living cities : Towards a politics of conviviality », *Science as Culture* 15, 123-138.

Hodgetts Timothy, Lorimer Jamie, 2020 : « Animals' mobilities », *Progress in Human Geography* 44(1), 4-26.

Hodgetts Timothy, Lorimer Jamie, 2015 : « Methodologies for animals' geographies: cultures, communication and genomics », *Cultural Geographies* 22(2), 285-295.

Houston Donna, Hillier Jean, MacCallum Diana, Steele Wendy, Byrne Jason, 2018 : « Make kin, not cities ! Multispecies entanglements and 'becoming-world' in planning theory », *Planning Theory* 17, 190-212.

Hunold Christian, Mazuchowski Maz, 2020 : « Human–Wildlife Coexistence in Urban Wildlife Management : Insights from Nonlethal Predator Management and Rodenticide Bans », *Animals* 10(11), 1-15.

INSEE (Institut national de la statistique et des études économiques), 2020 : *Base de données : données harmonisées des recensements de la population à partir de 1968, Statistiques et études, démographie, département de la Gironde*, https://www.insee.fr/fr/statistiques?taille=100&debut=0&theme=0&geo=DEP-33&collection=4

JOHANN Franz, HANDSCHUH Markus, LINDEROTH Peter, DORMANN Carsten F., ARNOLD Janosch, 2020 : « Adaptation of wild boar (Sus scrofa) activity in a human-dominated landscape », *BMC Ecology* 20(4), 1-14.

KEULING Oliver, STRAUSS Egbert, SIEBERT Ursula, 2016 : « Regulating wild boar populations is "somebody else's problem" ! Human dimension in wild boar management », *Science of the Total Environment* 554, 311-319.

KORNHERR Elisa, PÜTZ Robert, 2022 : « Othering, governing, and resistance of abject urban animals : Egyptian geese and their right to the city », *Political Geography* 99, 1-10.

KOTULSKI York, KÖNIG Andreas, 2008 : « Conflicts, crises and challenges : wild boar in the Berlin City–a social, empirical and statistical survey », *Natura Croatica* 17(4), 233-246.

KOWARIK Ingo, FISCHER Leonie K., KENDAL Dave, 2020 : « Biodiversity Conservation and Sustainable Urban Development », *Sustainability* 12, 1-8.

LICOPPE Alain, PRÉVOT Céline, CAHILL Séan, BOVY Céline, HEYMANS Marie, CASAER Jim, 2014 : « Enquête internationale sur le sanglier en zone périurbaine », *Forêt Wallonne* 131, 3-16.

LORIMER Jamie, HODGETTS Timothy, BARUA Maan, 2019 : « Animals' atmospheres », *Progress in Human Geography* 43, 26-45.

LYYTIMÄKI Jari, 2015 : « Ecosystem disservices : embrace the catchword », *Ecosystem Services* 12, 136.

LYYTIMÄKI Jari, PETERSEN Lars K., NORMANDER Bo, BEZÁK Peter, 2008 : « Nature as a nuisance ? Ecosystem services and disservices to urban lifestyle », *Environmental Sciences* 5(3), 161-172.

MARIN Carole, 2023 : *Sauvage en ville. Le sanglier bordelais*, thèse de doctorat en géographie, Université Bordeaux Montaigne, UMR Passages (CNRS 5319).

MASSEI Giovanna, KINDBERG Jonas, LICOPPE Alain, GACIC Dragan, ŠPREM Nikica, KAMLER Jiri, BAUBET Eric, HOHMANN Ulf, MONACO Andrea, OZOLINS Janis, CELLINA Sandra, PODGORSKI Tomasz, FONSECA Carlos, MARKOV Nickolay, POKORNY Bostjan, ROSELL Carme, NAHLIK Andras, 2015 : « Wild boar populations up, numbers of hunters down ? A review of trends and implications for Europe », *Pest Management Science* 71, 492-500.

MATHEVET Raphael, BONDON Roméo, 2022 : *Sangliers. Géographies d'un animal politique*, Arles, Actes Sud.

MAUZ Isabelle, 2002 : « Les conceptions de la juste place des animaux dans les Alpes françaises », *Espaces et Sociétés* 110-111, 129-145.

MAZHARY Hibba, 2021 : « Distancing animal death : Geographies of killing and making killable », *Geography Compass* 15(7), 1-13.

MCCANCE Erin C., DECKER Daniel J., COLTURI Anne M., BAYDACK Richard K., SIEMER William F., CURTIS Paul D., EASON Thomas, 2017 : « Importance of urban wildlife management in the United States and Canada », *Mammal Study* 42, 1-16.

MICHELFELDER Diane P., 2018 : « Urban wildlife ethics: Beyond "parallel planes" », *Environmental Ethics* 40, 101-117.

MICOUD André, 2010 : « Sauvage ou domestique, des catégories obsolètes ? » *Sociétés*, 108, 99-107.

MORIZOT Baptiste, 2017 : « Nouvelles alliances avec la terre. Une cohabitation diplomatique avec le vivant », *Tracés. Revue de sciences humaines* 33, 73-96.

NATHAN Ran, GETZ Wayne M., REVILLA Eloy, HOLYOAK Marcel, KADMON Ronen, SALTZ David, SMOUSE Peter E., 2008 : « A movement ecology paradigm for unifying organismal movement research », *Proceedings of the National Academy of Sciences* 105(49), 19052-19059.

Paillé Pierre, 1994 : « L'analyse par théorisation ancrée », *Cahiers de recherche sociologique* 23, 147-181.

Perrot Xavier, 2015 : « Passions cynégétiques. Anthropologie historique du droit de la chasse au grand gibier en France », *Revue semestrielle de droit animalier* 1, 329-361.

Poinsot Yves, 2012 : « Quels facteurs géographiques prendre en compte pour mieux gérer la grande faune ? », *Natures Sciences Sociétés* 20, 157-166.

Ritzel Kate, Gallo Travis, 2020 : « Behavior Change in Urban Mammals : A systematic Review », *Frontiers in Ecology and Evolution* 8, 1-11.

Rosol Marit, Béal Vincent, Mössner Samuel, 2017 : « Greenest cities ? The (post-)politics of new urban environmental regimes », *Environment and Planning* 49(8), 1710-1718.

Servanty Sabrina, Gaillard Jean-Michel, Allainé Dominique, Brandt Serge, Baubet Eric, 2007 : « Litter size and fetal sex ratio adjustment in a highly polytocous species : the wild boar », *Behavioral Ecology* 18, 427-432.

Shackleton Charlie, Ruwanza Sheunesu, Sinasson Gisele, Bennett S., De Lacy Peter, Modipa R., Mtati Nosiseko, Sachikonye M., Thondhlana Gladman, 2016 : « Unpacking Pandora's Box : Understanding and Categorising Ecosystem Disservices for Environmental Management and Human Wellbeing », *Ecosystems* 19(4), 587-600.

Steele Wendy, Wiesel Ilan, Maller Cecily, 2019 : « More-than-human cities : Where the wild things are », *Geoforum* 106, 411-415.

Stillfried Milena, Fickel Jorns, Börner Konstantin, Wittstatt Ulrich, Heddergott Mike, Ortmann Sylvia, Kramer-Schadt Stephanie, Frantz Alain C., 2017 : « Do cities represent sources, sinks or isolated islands for urban wild boar population structure ? », *Journal of Applied Ecology* 54, 272-281.

Torres Rita T., Fernandes Joana, Carvalho Joao, Cunha Monica V., Caetano Tania, Mendo Sonia, Serrano Emmanuel, Fonseca Carlos, 2020 : « Wild boar as a reservoir of antimicrobial resistance », *Science of the Total Environment* 717, 1-9.

Van Patter Lauren E., 2022 : « Individual animal geographies for the more-than-human city : Storying synanthropy and cynanthropy with urban coyotes », *Nature and Space* 5(4), 2216-2239.

Vanier Martin, 2003 : « Le périurbain à l'heure du crapaud buffle : tiers espace de la nature, nature du tiers espace », *Revue de géographie alpine* 4, 79-89.

Von Essen Erica, Redmalm David, 2023 : « Social licence to cull : Examining scepticism toward lethal wildlife removal in cities », *People and Nature* 1-11.

Wolch Jennifer, 2002 : « Anima Urbis », *Progress in Human Geography* 26, 721-742.

Zask Joelle, 2020 : *Zoocities. Des animaux sauvages dans la ville*, Paris, Premier Parallèle.

Urban Boar, Impossible Cohabitation? Disservices and Disarray in Bordeaux

A prized game animal, the wild boar is no longer confined to the hunted rural areas assigned to it. Urban nature policies have encouraged an ecological continuity from agro-forestry areas to the heart of urban areas, and the animal has entered the city. In the Bordeaux metropolitan area, large fauna management policies are based on representations of the species and disservices associated with it. Four interrelated criteria define the conditions for cohabitation: space, temporalities, animal behaviour and population densities. When the animal deviates from these, management policies intend to re-establish the balance imagined by and for humans.

Keywords*: wild boar, city, representations, disservices, cohabitation.*

Urbanes Wildschwein, unmögliches Zusammenleben? Belästigung und Unordnung in Bordeaux

Das Wildschwein, eine sehr beliebte Wildart, ist nicht mehr auf die ihm zugewiesenen ländlichen Jagdgebiete beschränkt. Die städtische Naturpolitik hat eine ökologische Kontinuität im Herzen der städtischen Gebiete gefördert und die Tiere haben Einzug in die Stadt erhalten. In Bordeaux Métropolis stützt sich die Bewirtschaftungspolitik für Großtiere auf Darstellungen der Arten und der mit ihnen verbundenen Dienstleistungen. Vier miteinander verknüpfte Kriterien bestimmen das Zusammenleben von Menschen und Wildschweinen: Raum, Zeit, Verhalten der Tiere und Bevölkerungsdichte. Wenn das Tier von diesen Kriterien abweicht, geht es darum, das vom Menschen und für den Menschen erdachte Gleichgewicht wiederherzustellen.

Stichworte*: Wildschwein, Stadt, Darstellungen, Belästigung, Zusammenleben.*

Représentations médiatiques et habitantes de la présence du sauvage en ville : le cas du sanglier

Marie Chandelier, Université Côte d'Azur, UMR 7320, **marie.chandelier@univ-cotedazur.fr**
Yann Nikonoff, FDC 24, **y.nikonoff@chasseurs24.com**
Zoé Oliver, bureau d'étude Culture Ethno, **etu.zoe.oliver@gmail.com**
Anthony Goreau-Ponceaud, Université Bordeaux, UMR 5115 LAM, Institut français de Pondichéry, **anthony.goreau-ponceaud@u-bordeaux.fr**
Nicolas Lemoigne, Université Bordeaux Montaigne, UMR 5319 Passages, **nicolas.lemoigne@u-bordeaux-montaigne.fr**

Résumé

*Espèce pourtant emblématique du sauvage, le sanglier (*Sus scrofa*) est de plus en plus associé aux zones anthropisées. Notre contribution propose une lecture multiscalaire des représentations associées à l'ongulé dans la ville. Nous nous appuyons pour cela sur un corpus d'articles de presse issus des quotidiens régionaux et nationaux* Sud-Ouest *et* Le Monde*, ainsi que sur des enquêtes menées au sein de l'agglomération de Périgueux. L'analyse apporte une compréhension de la complexité et de la pluralité de représentations sociales structurantes dans le contexte des conflits de coexistence humain/non-humain.*

***Mots-clés :** sanglier, coexistence, place, discours, représentations.*

Introduction

On assiste aujourd'hui à une érosion accélérée de la biodiversité, faisant craindre une nouvelle extinction de masse (Ceballos et al., 2017). Le nombre d'espèces sauvages ainsi que leurs populations s'effondrent, au point que pour les seuls mammifères, les humains et leur bétail représentent désormais 96 % de la biomasse totale (baron et al., 2018). L'urbanisation, en contribuant à l'imperméabilisation, à l'artificialisation des sols et à la fragmentation des territoires, est considérée comme l'une des principales causes de la perte de biodiversité à l'échelle mondiale. Pourtant, parallèlement, les vertébrés,

DOI: 10.33055/GEOREGARDS.2023.016.71

dont les mammifères, s'adaptent aux environnements façonnés par les activités humaines selon le processus dit de synanthropisation (Luniak, 2004; Francis et Chadwick, 2012), qui se renforce actuellement dans les villes du monde entier (synurbanisation) où l'on recense un nombre croissant d'espèces de carnivores (Bhatia et al., 2013; Poessel et al., 2017) et d'ongulés (Hagemann et al., 2022). Le défi de coexistence ne semble pas être uniquement de savoir si les espèces sont capables de faire face aux perturbations humaines, mais si les humains sont prêts au partage de leur paysage et de leur espace, prêts à accueillir la faune dans leur arrière-cour (Cretois et al., 2021). Le sanglier incarne cette tension. Dans dix-huit pays européens, le prélèvement de sangliers par la chasse, principal indicateur de la croissance des populations de l'animal, est passé de 864 000 individus en 1992 à plus de 2,2 millions en 2012 (Massei et al., 2015). Le sanglier, espèce emblématique du «*sauvage*» dans les représentations collectives d'Europe de l'Ouest (Hell, 1997), a fait récemment irruption dans la ville et dans les zones périurbaines, brouillant les frontières culturelles anciennes, entre sauvage et domestique, entre urbain et rural. Espèce mobile à la capacité d'adaptation remarquable, il s'affranchirait des limites physiques et symboliques pour occuper un entre-deux non attribué, non assigné, accédant ainsi au statut d'espèce liminaire[1] (Donaldson et Kymlicka, 2016). La mobilité animale semble rebattre les cartes de l'aménagement du territoire, infléchir les politiques urbaines de biodiversité, et peser sur les discours de nature en ville (Mathevet et Béchet, 2020). Ces brouillages sont accentués par deux mouvements non simultanés, se recouvrant parfois. On assiste d'une part à une profonde ruralisation de l'urbain, à travers les projets d'agriculture urbaine (Ernwein et Salomon Cavin, 2014), les politiques de nature en ville, renforcées parfois par des politiques de ré-ensauvagement (Cochet et Durand, 2018); on observe d'autre part une urbanisation du rural, prenant des formes aussi diverses que la périurbanisation, la rurbanisation ou encore la *greentrification*[2]. Ces mouvements s'accompagnent d'un bouleversement de l'usage des sols dont le sanglier tire parti avec une grande capacité d'adaptation. Dans sa thèse intitulée *Sauvage en ville: le sanglier bordelais*, C. Marin (2023) observe que le modèle de gestion cynégétique se révèle peu adapté au contexte urbain. Malgré la sédentarisation de l'animal, sa présence en ville reste envisagée comme une situation de crise (Marin, 2023). Cet «*animal à problème*» (Micoud et Bobbé, 2006), à la «*spatialité intrusive*» (Mounet, 2012), interroge le territoire des humains, révèle des conflits de souveraineté, de légitimité et d'idéologies et constitue progressivement un problème politique. Comme le soutiennent R. Mathevet et R. Bondon, «*si les sangliers sont un problème, il est évident que c'est en tant qu'ils sont pris dans un rapport social situé géographiquement et construit sur le temps long. Et il en est de même du discours les concernant*» (Mathevet et Bondon, 2022: 17).

Nous avons cherché à comprendre les représentations associées au sanglier en considérant les discours produits par la presse généraliste nationale et régionale et

---

[1] Pour Sue Donaldson et Will Kymlicka, en plus des animaux domestiques faisant communauté de vie avec les humains et des animaux sauvages vivant dans des espaces peu anthropisés, il est important d'ajouter une troisième catégorie, celle des animaux dits liminaires (*liminal animals*) afin de réfléchir à des droits politiques différenciés pour les animaux.

[2] Pour Greta Tommasi, le terme *greentrification* «*souligne que la recherche d'un espace vert, d'une proximité avec la nature est au cœur des mobilités des classes moyennes et supérieures vers les espaces ruraux*» (Tommasi, 2018).

par les habitants potentiellement confrontés à la présence de sangliers sur leur lieu de vie. Pour cela, nous nous sommes appuyés sur un corpus d'articles issus des quotidiens *Sud-Ouest* et *Le Monde*, publiés entre 2001 et 2021[3] et sur un corpus d'enquêtes menées au sein de l'agglomération de Périgueux.

Nous avons émis l'hypothèse d'un gradient de représentations associées à l'animal en fonction de l'éloignement à un espace urbain. Concernant la presse écrite, nous nous sommes appuyés sur la loi de proximité géographique (Agnes, 2002), suivant laquelle on peut supposer que le traitement de l'information par un journal régional est nourri des représentations des acteurs locaux et des enjeux propres au territoire, ce qui est moins le cas pour un journal national. Pour les enquêtes auprès des habitants, nous avons émis l'hypothèse d'un gradient de représentations qui serait fonction d'un gradient d'urbanité (Lussault, 2003). En d'autres termes, les motifs d'acceptation ou de rejet du sanglier seraient dépendants de l'éloignement à la ville. Les habitants de l'espace périurbain, marqués par des trajectoires résidentielles contrastées, cultivent des représentations parfois opposées quant à la présence animale, entre habituation réciproque et vives contestations.

Contexte et méthodologie de recherche : une approche centrée sur le discours

Cette contribution est le résultat d'un travail de recherche mené en 2020-2021 au sein du programme «*Penser et Agir avec le Sanglier: enjeux et perspectives d'une coexistence inédite*» (PAS), dans le cadre des activités du département «*Sciences sociales des changements contemporains*» (Changes) de l'Université de Bordeaux et des activités institutionnelles de ses membres sur le campus de Bordeaux et de Périgueux[4]. Les enquêtes réalisées auprès des habitants de l'agglomération de Périgueux s'inscrivent dans le cadre d'une collaboration entre la Fédération départementale des chasseurs de la Dordogne et l'Institut universitaire technologique de Périgueux (Université de Bordeaux)[5]. La région Nouvelle-Aquitaine, et plus

---

[3] Période de disponibilité des archives du journal *Le Monde* sur le portail Europresse en 2021.

[4] Le programme PAS a permis le financement d'un stage de six mois (master 2 anthropologie) réalisé par Zoé Oliver, encadré par M. Chandelier, A. Goreau-Ponceaud et N. Lemoigne. Le mémoire de Zoé Oliver propose un regard interdisciplinaire sur les représentations associées à la faune sauvage dans la presse et auprès des habitants des zones périurbaines (Oliver, 2021). Le programme a rassemblé les contributeurs de cet article mais aussi les chercheurs et enseignants-chercheurs Laurent Couderchet, Dominique Darbon, Carole Marin et Raphaël Mathevet. Tous les contributeurs mobilisés ici ont participé à l'écriture de l'article tout comme aux modifications de la première version et des versions postérieures. Néanmoins, la collecte et l'analyse du corpus de presse ont été réalisées par M. Chandelier et Z. Oliver, l'enquête quantitative par Y. Nikonoff et A. Goreau-Ponceaud, le volet qualitatif de l'enquête par Z. Oliver, la cartographie par Y. Nikonoff et le pilotage a été assuré par M. Chandelier, N. Lemoigne et A. Goreau-Ponceaud. Nicolas Lemoigne a assuré la cohérence entre les deux contributions acceptées pour ce numéro qui rassemblent également des collègues engagés dans le programme PAS mais qui ont cependant construit leur objet de recherche bien avant celui-ci.

[5] Le projet «*Péri-urbain*» est financé par le dispositif d'éco-contribution des chasseurs pour la biodiversité et bénéficie ainsi du soutien financier de l'Office français de la biodiversité. C'est ce projet qui a permis de financer notamment le déploiement de l'enquête quantitative ainsi que le suivi (par pièges photographiques) des sangliers au sein de l'unité urbaine de Périgueux.

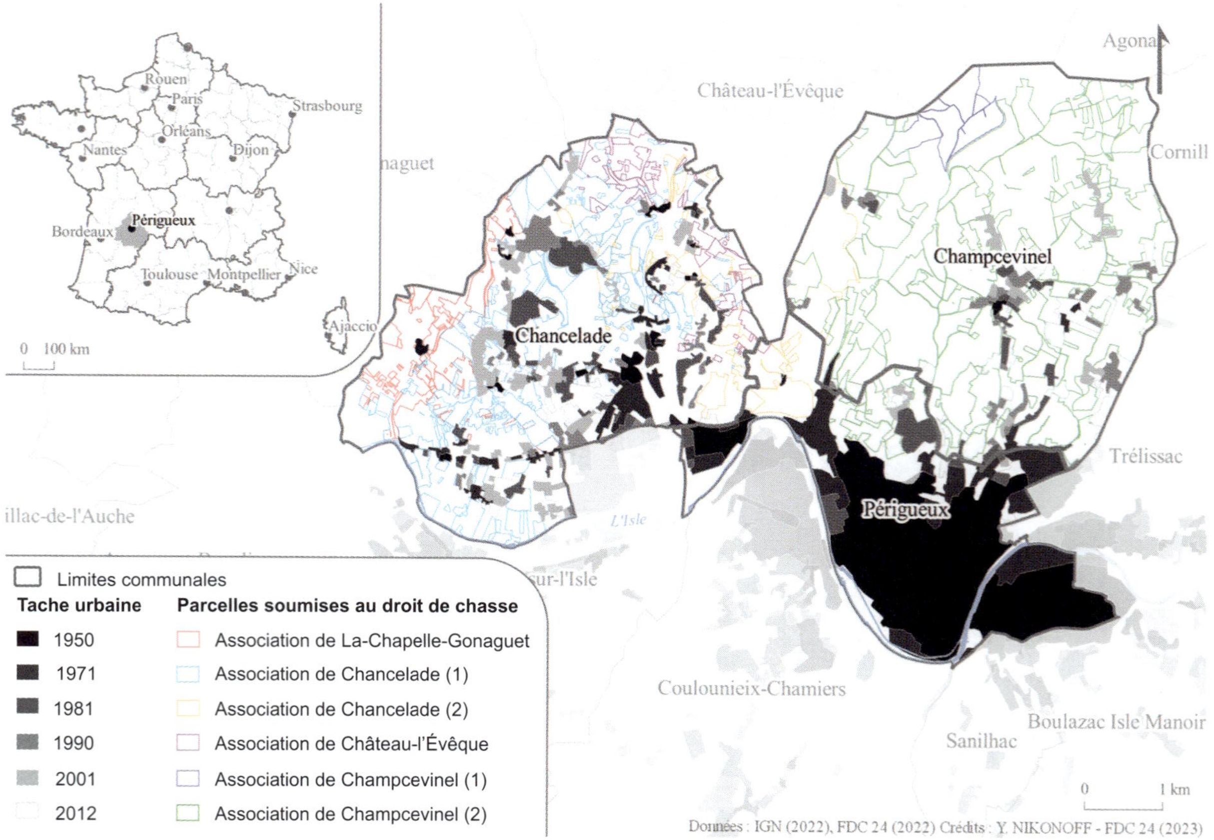

Carte 1 : Les principaux lieux de l'enquête, Chancelade et Champcevinel. Les deux communes souffrent d'un manque de centralité et s'organisent tels des archipels où de nombreuses voies de communication viennent fragmenter et cloisonner les espaces. La constitution d'un territoire adapté à la chasse au grand gibier suscite beaucoup de conflits entre les associations. Elles entrent ainsi régulièrement en concurrence, rappelant que « la chasse territorialise […] ce qui entraîne un double effet de compétition : entre l'usage cynégétique et divers usages concurrents, entre groupes de chasseurs pour se réserver un terrain d'exercice. » Pelosse, 1988, pp. 123-124).

particulièrement ses zones périurbaines, est marquée par l'augmentation apparente des populations de sangliers, générant des débats entre les acteurs du territoire ainsi que des conflits. Dans ce contexte, il s'agit de dresser les contours de l'espace social du sanglier, ses acteurs et ses représentations au sein d'un espace géographique particulier : le périurbain[6]. Pour mener à bien cette recherche, nous avons adopté une approche comparative centrée sur l'analyse des discours de presse écrite nationale et régionale et sur la réalisation d'enquêtes auprès des habitants de deux communes limitrophes de Périgueux, Chancelade et Champcevinel (carte 1), qui connaissent des changements importants dans l'occupation des sols. Ces changements sont dus à l'urbanisation de cette première couronne constitutive de l'unité urbaine de Périgueux.

Périgueux est une ville moyenne d'une stabilité démographique étonnante (dont le nombre d'habitants, pour la commune-centre, oscillait, selon l'INSEE, entre 31 000 et 38 000 habitants de 1891 à 1982). Au centre d'un département peu peuplé et peu urbanisé, l'agglomération incarne parfaitement un pôle urbain d'un espace non métropolisé et présente une fragilité économique et démographique (accompagnant ce processus de dé-densification du centre au profit de la périphérie, le nombre d'habitants au sein de la commune ne fait que baisser depuis les années 1980, passant sous le seuil des 30 000 habitants à chaque nouveau recensement effectué par l'INSEE, avec un taux d'évolution de la population dû au solde migratoire apparent constamment négatif de 1968 à 2008). Les communes limitrophes subissent un processus d'urbanisation commencé dans les années 1970 pour Chancelade, fortement intensifié depuis les années 1990 pour Champcevinel. L'économie résidentielle a été au cœur du développement de ces deux communes. Les nouveaux habitants participent par leur profil à la production locale d'un environnement nourri de représentations de la nature et des animaux. Ces derniers sont constitutifs du décor, incarnant parfois une forme d'aménité (latente, inopinée, furtive) et générant une dialectique du visible et de l'invisible à partir de laquelle les représentations de l'animal se construisent.

LA COLLECTE ET L'ANALYSE DU CORPUS DE PRESSE

La multiplication des interactions problématiques entre l'humain et le sanglier a conduit à la médiatisation de l'animal, renforçant ainsi son statut d'acteur politique (MATHEVET et BONDON, 2022). En communiquant auprès d'un public élargi, la presse écrite généraliste confère à des événements locaux un retentissement global et joue un rôle dans la construction de l'image du sanglier auprès des humains qui n'y sont pas directement confrontés. Pour saisir l'image médiatique du sanglier en fonction de l'ancrage territorial des journaux, nous avons analysé comparativement le quotidien national *Le Monde* – historiquement considéré comme journal de référence – et le quotidien régional *Sud-Ouest* – diffusé en

[6] Même si nous mobilisons dans cette contribution des données et des catégories descriptives produites par l'INSEE, nous souhaitons prendre de la distance par rapport à cette terminologie et préciser que le terme périurbain qualifie des espaces d'entre-deux, ou plus exactement un tiers-espace, ni urbain, ni rural, marqué par de faibles densités du bâti et de la population et une morphologie singulière dans laquelle l'intercalation à distance constitue la norme plutôt que l'adjonction du plein au plein.

Nouvelle-Aquitaine. En nous focalisant sur l'édition de Périgueux[7], nous avons pu mesurer les variations entre les représentations diffusées par la presse écrite à l'échelle du territoire et celles propres aux habitants des zones urbaines et périurbaines du territoire périgourdin.

Les articles publiés par les quotidiens *Le Monde* et *Sud-Ouest* ont été collectés *via* la base de données Europresse, en suivant la méthode du *relevance sampling* (Krippendorff, 2004). Nous avons sélectionné les documents dans lesquels le mot *sanglier(s)* apparaissait au moins une fois entre 2001 et 2021[8], période au cours de laquelle les effectifs de sangliers ont connu une forte augmentation. Le corpus ainsi constitué comprend 183 articles pour *Le Monde* (161 534 mots) et 898 articles (290 566 mots) pour *Sud-Ouest*.

L'analyse empirique des articles de presse a été réalisée avec les logiciels TXM (Heiden et al., 2010) et Hyperbase. Les résultats présentés dans cet article sont issus de TXM. Nous avons adopté une approche sans *a priori*, qualifiée de *corpus driven* (Tognini-Bonelli, 2001). En nous appuyant sur la méthode de la textométrie (Lebart et Salem, 1994 ; Lebart et al., 2019), nous avons identifié les contextes de médiatisation du sanglier et plus particulièrement la place attribuée à l'irruption de l'animal en milieu urbain pour l'ensemble du corpus. Notre méthode se fonde sur l'articulation d'une analyse quantitative et qualitative. Le cadrage thématique privilégié par les journaux est mesuré par l'étude du vocabulaire le plus fréquent dans chaque quotidien. L'analyse comparée des deux quotidiens est réalisée à l'aide d'un indice de spécificité (Lafon, 1980), qui permet d'estimer si un mot est significativement plus employé dans un sous-ensemble d'articles par rapport au reste du corpus. Pour décrire les différences de traitement médiatique de l'ongulé, nous avons comparé les contextes d'usage du mot *sanglier* en fonction des journaux. Le vocabulaire le plus fréquemment associé à ce nom est classé par champ lexical, ce qui permet d'identifier les thèmes les plus associés à l'animal dans les deux quotidiens (Mayaffre, 2008). Nous analysons dans un premier temps les propriétés associées au sanglier dans l'ensemble du corpus, avant de nous focaliser sur la place attribuée à la question du sanglier en milieu urbain dans le traitement médiatique des interactions humain-animal.

La réalisation des enquêtes

Les enquêtes ont été menées selon deux approches. La première est une enquête quantitative par questionnaire, destinée à identifier les représentations associées à la faune sauvage en fonction du lieu de résidence. Les données ont été traitées principalement grâce aux analyses croisées permettant de comparer les réponses en fonction du lieu de résidence des répondants. Le questionnaire a été adressé par voie postale à l'ensemble des foyers de l'unité urbaine de Périgueux (constituée de sept communes dont celles de Chancelade et Champcevinel), soit 31 215 foyers. Le taux

[7] Le quotidien *Sud-Ouest* se décline en dix éditions, partageant les sections d'information générale, et se différenciant pour les pages départementales et locales. Pour l'étude, nous avons sélectionné l'édition comprenant les pages départementales de la Dordogne et les pages locales de Périgueux.

[8] Le formatage des données pour l'analyse a été réalisé par Laurent Vanni, ingénieur de recherche de l'équipe Logométrie du laboratoire Bases, Corpus, Langage (UMR 7320).

de réponse s'élève à seulement 4,6 %. Les réponses collectées dans les communes de Chancelade et Champcevinel seront mises en regard des réponses collectées dans la commune de Périgueux, ville-centre de l'agglomération. Notre échantillon statistique s'élève à 286 individus pour les deux communes périurbaines et 424 individus pour la commune-centre.

La deuxième approche est qualitative avec la réalisation de vingt-sept entretiens ethnographiques auprès d'usagers des lieux de promenade des communes de Chancelade, Champcevinel, Marsac-sur-l'Isle et Trélissac, ainsi qu'auprès d'interlocuteurs ayant préalablement répondu au questionnaire et ayant manifesté un intérêt pour un éventuel entretien. Pour comprendre l'ensemble des enjeux sociaux autour des relations entre les habitants et leur milieu, nous avons interrogé la notion de *mode d'habiter* (MATHIEU, 2012 : 40)[9], à partir de deux questions principales : Comment les habitants perçoivent-ils et interagissent-ils avec la grande faune sauvage qui les entoure ? Dans quelle mesure ces rapports entre société et nature définissent-ils un nouveau mode d'habiter périurbain ? L'enquête qualitative invite à déconstruire la catégorie « habitants » pour renouer avec une pluralité de microcatégories construites à partir d'une trajectoire résidentielle et d'un mode d'habiter individuel : les chasseurs, les promeneurs, les défenseurs de la cause animale, les propriétaires d'animaux domestiques, les élus, etc., sur le modèle proposé par N. Blanc (2000). Ces microcatégories heuristiques permettent ensuite d'analyser finement les réseaux d'interrelations et de coexistence négociée entre acteurs (humains et non-humains confondus).

L'analyse médiatique longitudinale en Dordogne et en France et les enquêtes sociologiques et ethnographiques sont ici pensées comme complémentaires. La première révèle la mise en scène collective et journalistique des interactions humains-sangliers et d'un conflit autour de la chasse au grand gibier, tandis que la seconde montre comment les individus s'inscrivent dans ce discours collectif et l'utilisent pour construire leurs propres représentations de la faune sauvage.

LE SANGLIER DANS LA PRESSE ÉCRITE : UN MARQUEUR SOCIAL ET ÉCOLOGIQUE

Chaque corpus examiné indépendamment révèle un ancrage cynégétique de la question du sanglier : pour *Le Monde* comme pour *Sud-Ouest*, les noms les plus fréquents sont : *chasse* ; *sanglier* et *chasseur* (tableau 1).

Néanmoins, la comparaison statistique des deux quotidiens témoigne de variations importantes dans le traitement médiatique du sanglier (tableau 2). On observe une différence de représentation des enjeux écologiques, des échelles spatiales de gestion de la nature, ainsi que des acteurs humains et non humains concernés par la présence de l'animal.

---

[9] Nicole Mathieu, à travers la notion de « mode d'habiter », dépasse le rapport au territoire de la notion « d'habiter » développée par Heiddeger en 1958, pour étudier la diversité des « interactions hommes [*sic*]-milieux » (MATHIEU, 2012).

***Tableau 1 : Liste des dix mots les plus fréquents dans* Le Monde *et* Sud-Ouest**

Le Monde	*Sud-Ouest*
chasse (444)	*chasse* (1734)
sanglier (382)	*sanglier* (1695)
chasseur (360)	*chasseur* (1416)
animal (357)	*gibier* (635)
année (235)	*président* (551)
sauvage (226)	*fédération* (543)
forêt (220)	*année* (479)
loup (202)	*animal* (477)
espèce (197)	*dégât* (431)
national (166)	*chevreuil* (408)

***Tableau 2 : Extrait du vocabulaire significativement plus utilisé dans* Le Monde *ou dans* Sud-Ouest**

Vocabulaire spécifique au *Monde*	Vocabulaire spécifique à *Sud-Ouest*
loup (59,8) ; *État* (23,3) ; *million* (16,4) ; *espèce* (14,7) ; *écologie* (14,1) ; *Europe* (13,5) ; *ministre* (11,6) ; *gouvernement* (11,6) ; *algue* (11,5) ; *européen* (11,4) ; *protéger* (11,2) ; *scientifique* (11) ; *humain* (10,9) ; *forêt* (10,6) ; *France* (10,6) ; *français* (9,4) ; *biodiversité* (47) ; *sauvage* (7)	*sanglier* (67,3) ; *Dordogne* (60,4) ; *chasse* (54,7) ; *chasseur* (45,5) ; *assemblée* (42,4) ; *gibier* (39,3) ; *hier* (38,4) ; *fédération* (33,7) ; *saison* (30,4) ; *battue* (30,2) ; *président* (27,3) ; *dégât* (25,6) ; *Périgueux* (25,6) ; *société* (25,5) ; *chevreuil* (24,7) ; *départemental* (21,7) ; *Bergerac* (18,8) ; *carte* (17,2) ; *lâcher* (16,1) ; *commune* (14,7)

Note : à chaque mot est associé son score de spécificité (le seuil de significativité est fixé à 2).

Les enjeux écologiques de la présence des sangliers : une orientation spécifique à la presse nationale

La représentation des enjeux écologiques de la présence du sanglier est privilégiée par le quotidien *Le Monde*, qui aborde significativement plus que *Sud-Ouest* la problématique du sauvage, en particulier à travers le retour du loup. L'ongulé est alors étroitement associé à des processus écologiques. Son statut de proie est mentionné pour expliquer le retour du loup d'une part, l'augmentation des populations de sangliers en l'absence de prédateurs d'autre part. La relation prédateur-proie s'inscrit alors dans un espace forestier: «[...] *les facteurs qui ont contribué à la raréfaction du loup au début du siècle dernier sont aujourd'hui parfaitement inversés: la forêt rare est devenue abondante, elle héberge des populations pléthoriques de sangliers et de chevreuils, et la principale présence humaine qu'on y trouve est celle des randonneurs du week-end.*»[10] Envisagée comme une résultante de la fermeture des milieux, la présence des ongulés constitue un indicateur favorable au retour du loup. À partir de 2020, la médiatisation des initiatives de réensauvagement renforce la relation établie entre ongulés, grands prédateurs et nature sauvage: «*cerfs et daims, sangliers, lynx et chats sauvages, loups et ours, aurochs et bisons d'Europe*»[11] étant alors envisagés comme les espèces emblématiques associées à la forêt primaire européenne. Dans *Le Monde*, la représentation plus marquée des processus écologiques se traduit également par l'emploi significativement plus important des noms *biodiversité, écologie*, *scientifique*, *espèce*, *ongulé*.

Les échelles spatiales mobilisées par les quotidiens témoignent de deux cadres d'appréhension du sanglier: national et international pour *Le Monde*; régional et local pour *Sud-Ouest*[12]. Le lexique institutionnel privilégié par chaque quotidien reflète cet écart: les noms *assemblée*, *fédération* et *président* sont significativement plus présents dans *Sud-Ouest*, alors que *Le Monde* emploie davantage *État* et *gouvernement*. Associé à l'emploi privilégié du nom *dégât* par *Sud-Ouest*, le vocabulaire spatial et institutionnel de la presse régionale pose d'emblée un cadrage local et cynégétique des enjeux de la gestion des populations de sangliers. *Le Monde* opère quant à lui un traitement institutionnel de la gestion du sauvage, aux échelles nationale et internationale.

L'analyse des cooccurrents de *sanglier* – c'est-à-dire des mots les plus associés au nom *sanglier* – rend compte de thématiques communes aux deux quotidiens: la mention des espèces partageant des propriétés avec le sanglier, la gestion cynégétique et la pratique de la chasse; les dynamiques de population, le suivi scientifique et les interactions humains-sangliers (tableau 3).

Dans les deux quotidiens, le sanglier est rapproché d'autres espèces d'ongulés en augmentation, qui peuvent aussi faire l'objet de battues. Les animaux sont envisagés en tant que «grand/gros gibier» (7) et «(grands) ongulés (sauvages)» (3). Ces catégorisations traduisent la coexistence d'un traitement cynégétique et écologique de la présence animale. Dans les deux cas, le sanglier et plus généralement les ongulés, constitue un vecteur pour la construction médiatique d'un autre acteur humain (le chasseur) et non humain (le loup).

[10] *Le Monde*, 26 décembre 2011, «La "bête" est morte».

[11] *Le Monde*, 24 septembre 2021, «Créer une forêt primaire en Europe».

[12] Les mots *Europe*; *européen; France* sont significativement plus employés par *Le Monde*. Dans *Sud-Ouest*, ce sont les mots *départemental*, *Dordogne*, *Bergerac* qui sont sur-représentés.

***Tableau 3 : Champs lexicaux dominants parmi les cooccurrents de sanglier dans* Le Monde *et* Sud-Ouest**

Champ lexical	*Le Monde*	*Sud-Ouest*
Espèces animales	*chevreuil* (38) ; *cerf* (41) ; *cervidé* (20) ; *blaireau* (11) ; *cochon* (9) ; *ongulé* (8) ; *chamois* (5) ; *marcassin* (5) ; *cochonglier* (4) ; *ragondin* (4) ; *renard* (4) ; *rat* (3) ; *mustélidé* (2) ; *grive* (2)	*chevreuil* (251), *cerf* (223) ; *cervidé* (90) ; *biche* (36) ; *renard* (29) ; *blaireau* (19) ; *lapin* (15) ; *porc* (13) ; *marcassin* (10), *daim* (8) ; *isard* (4)
Désignations du sanglier	-	*bête* (25) ; *harde* (22) ; *nuisible* (19) ; *dévastateur* (3)
Gestion cynégétique et pratique de la chasse	*chasse* (41) ; *battue* (23) ; *chasser* (10) ; *tirer* (9) ; *tableau* (7) ; *régulation* (7) ; *agrainage* (4) ; *maïs* (2)	*battue* (138) ; *saison* (63) ; *collier* (53) ; *prélever* (53) ; *tuer* (51) ; *abattre* (48) ; *chasser* (39) ; *bracelet* (32) ; *prélèvement* (27) ; *réguler* (13) ; *tableau* (13) ; *traquer* (12) ; *quota* (8) ; *pister* (4) ; *dérogation* (3) ; *contenir* (2)
Dynamiques populationnelles	*prolifération* (7) ; *multiplier* (6) ; *proliférer* (4) ; *explosion* (4) ; *abondance* (4) ; *prolificité* (3)	*prolifération* (13) ; *proliférer* (9) ; *surpopulation* (9) ; *explosion* (6)
Interactions humain-sanglier	*mort* (19) ; *cadavre* (8) ; *intoxiquer* (3) ; *mourir* (7) ; *contaminer* (7) ; *infecter* (4) ; *porteur* (4) ; *ravager* (3) ; *panique* (2)	*dégât* (95) ; *dévaster* (16) ; *provoquer* (15) ; *percuter* (14) ; *occasionner* (12) ; *retourner* (12) ; *heurter* (10) ; *ravage* (10) ; *intrusion* (5) ; *labourer* (9) ; *collision* (9) ; *défoncer* (5) ; *effrayer* (7)
Suivi scientifique	*population* (16) ; *analyse* (7)	*population* (53) ; *analyse* (6)

Le sanglier en milieu anthropisé, une question étroitement liée au traitement médiatique de la chasse

Pour chaque quotidien, les incursions de sangliers dans les zones urbaines et périurbaines s'inscrivent dans le traitement des interactions humain-sanglier (tableau 3). À la lecture du tableau des cooccurrents, on observe que la question de la présence des sangliers en ville n'est pas centrale dans la presse écrite. Elle est néanmoins traitée dès le début des années 2000[13], à travers la description des dégâts

[13] *Le Monde*, 1er septembre 2001, « Les sangliers prolifèrent aux portes de Nice » ; *Sud-Ouest*, 12 octobre 2003, « Il a tenu en haleine policiers et pompiers pendant deux heures ».

induits par le passage des ongulés dans les zones occupées par les humains. Pour la presse régionale, ces dégâts sont médiatisés dans la section des faits divers qui décrivent l'impact de l'augmentation des populations de sangliers sur les activités humaines (*dégât*, *intrusion*, *collision*, *percuter*). Lorsqu'il est question des milieux urbains (*ville*, *urbain*, *périurbain*), *Sud-Ouest* aborde conjointement les questions du sanglier et de la chasse. Tout au long de la période, la médiatisation de la présence de l'animal en périphérie et au sein des communes s'accompagne d'une légitimation de la pratique de la chasse en territoire anthropisé, comme on l'observe par exemple dans l'article intitulé «La nature en partage», publié le 20 avril 2013: «*L'arrivée des sangliers en centre-ville de Périgueux rappelle l'intérêt de chasser aux abords des villes.*»

La presse nationale inscrit la question de la présence du sanglier en ville dans une réflexion centrée sur la gestion cynégétique de l'espèce, en particulier avec la parution de dossiers consacrés à l'augmentation des populations de l'ongulé en 2010, 2012 et 2020[14]. Les controverses autour du rôle des chasseurs dans la gestion de l'ongulé sont associées à la médiatisation d'une opposition entre plusieurs catégories d'acteurs, comme le montre le titre du dossier publié en 2012 «*Face à l'invasion de sangliers, chasseurs et agriculteurs au défi de s'entendre*» ou encore l'article «*La prolifération des sangliers hors de contrôle*», paru le 20 juillet 2020. Dans ce dernier, les conflits provoqués par l'irruption de l'ongulé sont analysés selon l'opposition entre rural et urbain. Depuis la fin des années 2010, l'irruption de sangliers en ville est appréhendée en tant qu'indice de retour de la nature dans les zones anthropisées. C'est notamment le cas en 2021, avec la publication d'un entretien dans *Le Monde* de la philosophe Joëlle Zask, consacré à la présence d'animaux sauvages en milieu urbain[15].

Les différences de représentation de l'interaction humain-sanglier entre les deux quotidiens se caractérisent également par un vocabulaire évaluatif négatif plus marqué pour la presse régionale. Le nom *nuisible* y apparaît jusqu'en 2019, alors que la loi «Biodiversité» du 8 août 2016 conduit à sa disparition du code de l'environnement.

Dans la presse écrite nationale et régionale, la représentation du sanglier est étroitement liée à celle de la chasse. La question de la présence de l'animal en ville s'inscrit dans la même perspective. Cette question, traitée ponctuellement, rejoint la médiatisation des problèmes soulevés par l'augmentation des populations d'ongulés. L'animal joue un rôle structurant dans la construction de l'image des acteurs humains et non humains avec lesquels il interagit. Dans *Sud-Ouest*, le sanglier est perçu à travers les perturbations que sa présence engendre sur le territoire et le rôle joué par les chasseurs pour la résolution des problèmes de prolifération de l'animal. Dans *Le Monde*, le sanglier incarne à la fois un marqueur environnemental et social. L'augmentation des effectifs, régulée par l'activité de chasse, structure l'image des espaces naturels et anthropisés où se joue un conflit de pratiques entre chasseurs et usagers.

---

[14] *Le Monde*, 16 septembre 2010, «En Europe, la prolifération du sanglier devient incontrôlable»; 12 mars 2012, «Face à l'invasion de sangliers, chasseurs et agriculteurs au défi de s'entendre»; 20 juillet 2020, «La prolifération des sangliers hors de contrôle».

[15] *Le Monde*, 1er mars 2021, «Il y a un exode de certaines espèces vers les villes».

Représentations habitantes d'un animal « *à problème* »

L'image du sanglier dans la presse écrite se construit par la représentation des liens entre l'animal, le territoire et les acteurs humains et non humains qui l'habitent. Les enquêtes réalisées auprès d'habitants de Périgueux et des communes de l'unité urbaine soulignent les variations locales des représentations associées à l'ongulé et les modalités du vivre-ensemble, nourries par le parcours de vie des habitants.

De la faune sauvage au sanglier en ville, quelles évocations du sauvage ?

D'après les réponses obtenues, la proportion des habitants interrogés confrontés à la faune sauvage est plus importante à Champcevinel et à Chancelade qu'à Périgueux. Une ville densément bâtie telle que Périgueux laisse peu de place aux interactions humain–non-humain tandis que l'intrication du bâti et des activités humaines avec des espaces ouverts plus sauvages en périphérie offre davantage de possibilités de rencontres (tableau 4). Ce lien entre le milieu de vie et la perception de la faune sauvage se lit autant à travers les interactions directes (observations) qu'indirectes (dégâts liés à sa présence).

De la même façon, on observe une différence de perception et d'appréciation de l'évolution des effectifs de sangliers entre Périgueux, Champcevinel et Chancelade (tableau 5). L'évaluation de la dynamique de population des sangliers varie ici selon la commune de résidence et potentiellement en fonction de la visibilité de l'animal, de la proximité directe ou indirecte à la nature dans les activités et interactions quotidiennes, ainsi que des canaux d'information.

L'analyse des questions relatives aux représentations confirme l'hypothèse d'un gradient dépendant du degré d'urbanité (tableau 5). Les représentations associées à la faune sauvage et plus spécifiquement au sanglier font en effet apparaître des variations en fonction du caractère urbain et périurbain du lieu de vie.

Tableau 4 : Pourcentages de réponses aux questions relatives à la perception des interactions avec la faune sauvage

Thématique	Interactions	
	directes[1]	indirectes[2]
Périgueux	Oui : 51,4 % Non : 48,6 %	Oui :12,5 % Non : 87,5 %
Champcevinel	Oui : 89,8 % Non : 10,8 %	Oui : 36,1 % Non : 63,9 %
Chancelade	Oui : 87,1 % Non :12,9 %	Oui : 32,0 % Non : 68,0 %

[1] « Avez-vous déjà été confronté à la présence d'animaux sauvages sur votre commune ? »

[2] « Avez-vous déjà subi des dégâts liés à leur présence ? »

Tableau 5: Pourcentages de réponses aux questions relatives à la perception et à l'évaluation des populations de sangliers

THÉMATIQUE	PERCEPTION DE L'ÉVOLUTION DES POPULATIONS DE SANGLIERS[1]	APPRÉCIATION DE LA SURPOPULATION DE SANGLIERS[2]
Périgueux	Hausse: 31,4 % Baisse: 0,9 % Aucun changement: 53,8 % Ne sait pas: 13,9 %	Absolument: 17,9 % Peut-être: 21,5 % Pas du tout: 16,5 % Ne sait pas: 44,1 %
Champcevinel	Hausse: 51,9 % Baisse: 0,9 % Aucun changement: 39,8 % Ne sait pas: 7,4 %	Absolument: 30,6 % Peut-être: 22,1 % Pas du tout: 16,7 % Ne sait pas: 30,6 %
Chancelade	Hausse: 53,4 % Baisse: 2,8 % Aucun changement: 38,8 % Ne sait pas: 5,0 %	Absolument: 32,6 % Peut-être: 27,0 % Pas du tout: 15,7 % Ne sait pas: 24,7 %

[1] «Avez-vous perçu: une hausse / une baisse / aucun changement / ne sait pas concernant l'évolution des populations de sangliers?»

[2] «Pensez-vous que les sangliers sont trop nombreux sur votre commune?»

DE LA PERCEPTION DES ESPÈCES ANIMALES SAUVAGES À UN NOUVEAU MODE D'HABITER PÉRIURBAIN

Selon l'expérience de chaque individu et le degré d'éloignement entre le domicile et le lieu de rencontre avec le sanglier, les perceptions que les habitants ont de celui-ci sont amenées à varier.

Par la rencontre d'un sanglier au domicile, par la constatation des dégâts occasionnés, les interlocuteurs peuvent être intimement exposés à la présence de l'ongulé. Il est alors plutôt perçu comme une nuisance et la chasse vue comme une défense légitime et obligatoire face au comportement problématique de l'animal. En revanche, lorsqu'il est aperçu dans les rues ou en lisière des bois du quartier, le sanglier est une aménité paysagère, quoiqu'inhabituelle, ou un objet d'apitoiement s'il semble échapper à une battue. Là, ce n'est plus le sanglier, mais les chasseurs en battue ou les urbanistes – tenus pour responsables de l'expansion urbaine – qui deviennent les éléments perturbateurs d'un équilibre des frontières instauré entre les habitants périurbains et la faune sauvage.

En poursuivant l'analyse selon cette approche par échelles, on voit aussi comment les individus rencontrés s'inscrivent de manière nuancée dans le discours médiatique auquel ils se rattachent. En effet lors des entretiens individuels, les interlocuteurs se positionnent en premier lieu sur les arguments pro ou antichasse :

> « *Un mec qui arrive avec un fusil pour dézinguer, je ne sais pas combien de coups de feu, pour essayer de choper un renard, il va pas le bouffer le renard, c'est gratuit, enfin ça sert à rien.* » (Sylvain, Champcevinel)[16]

Puis ils nuancent au fil de l'entretien ce discours collectif en puisant dans leurs expériences personnelles.

> « *C'était super mignon, on voyait la laie et ses sept petits dans le jardin. Par contre, sortir et aller bosser… D'où le sang de cochon pour servir de répulsif. C'est un chasseur qui nous avait dit ça, et ils ne sont pas revenus pendant un mois ou deux. Voilà, il faut parler le langage de l'animal.* […]. » (Sylvain, Champcevinel)

Pour une autre personne interrogée à Chancelade, les sangliers seraient victimes à la fois de pratiques de chasse qui les poussent vers les villes et de l'expansion urbaine qui morcelle leur territoire, mais ils restent des animaux dangereux pour les humains. La dangerosité supposée de l'animal est alors fréquemment citée par les habitants interrogés d'une part pour différencier les espèces rencontrées et d'autre part pour définir un nouveau *mode d'habiter* périurbain, fait d'interactions entre humains, animaux et végétaux.

Pour une interlocutrice installée à Chancelade depuis quarante ans, les arbres et les oiseaux présents sur sa commune font partie du cadre de vie qu'elle défend fermement face aux constructions immobilières, tandis que les sangliers et les chevreuils sont plutôt relégués à une présence animale invisible dans les espaces forestiers, dont la lisière devient une frontière qu'ils ne doivent pas transgresser, et dont la gestion doit être entièrement décidée par les instances cynégétiques.

Au contraire, pour les résidents de Champcevinel cités plus haut, si les sangliers sont perçus comme un élément perturbateur sur leur propriété, ils les considèrent tout de même à leur place dans le cadre de vie imaginé à l'échelle du quartier, tout comme les petits mammifères, insectes et végétaux avec lesquels ils souhaitent interagir. Le cadre de vie qu'ils recherchaient en déménageant en périphérie de Champcevinel, animés par la volonté de vivre dans la nature et de faire évoluer leur rapport au vivant (Morizot, 2020), serait alors plutôt mis à mal par l'urbanisation de la commune et la densification de l'habitat.

> « *Quand t'ouvres tes volets et que t'as des arbres, que t'as des chevreuils qui viennent, des renards, des sangliers, oui, moi il me faut des arbres, et puis des animaux sauvages. Les gens coupent tout, rien que pour mettre leur baraque, et après, ils se plaignent que les sangliers viennent sur leur terrain, mais bon tu as pris leur terrain, aussi, donc… il faut savoir accepter aussi que tu vis avec eux, si tu vis à la campagne.* »[17] (Caroline, Champcevinel).

---

[16] Les prénoms des personnes citées ont été modifiés afin de préserver leur anonymat.

[17] Ici, le terme « *campagne* » est utilisé à des fins de simplification par l'interlocutrice, qui a précédemment insisté sur le fait que Champcevinel n'est pas une « *pleine campagne* » du fait de la présence de lotissements dans le paysage.

En franchissant régulièrement les frontières établies entre humains et faune sauvage, le sanglier est donc considéré soit comme une menace soit comme un élément indispensable au bien-être. Il permet alors d'alimenter une définition dynamique et sensible d'un *mode d'habiter* périurbain, fait d'interactions croissantes entre humains et grande faune sauvage.

CONCLUSION

À travers l'analyse plurielle des discours portant sur l'animal, nous avons montré que le sanglier révèle les rapports des humains au territoire et aux autres acteurs qui l'occupent. Dans la presse écrite comme dans les entretiens auprès des habitants, le sanglier est avant tout perçu comme un animal cynégétique. Néanmoins, l'aire de diffusion des journaux – nationale et régionale – conduit à des variations de représentation médiatique du sanglier: alors que *Le Monde* privilégie un cadre davantage institutionnel et centré sur les processus écologiques, *Sud-Ouest* se focalise plus fortement sur la gestion de l'ongulé à l'échelle régionale et locale. Dans la presse nationale, le sanglier constitue à la fois une preuve du retour du sauvage, un perturbateur pour les activités humaines, un témoin de la fracture des territoires et des conflits entre acteurs humains. Dans la presse régionale, l'animal est envisagé par les conséquences négatives de sa présence et par la réponse cynégétique apportée à l'augmentation des populations de l'ongulé.

Les représentations associées au sanglier par les habitants sont nourries des thèmes de la chasse et du sauvage, auxquels se mêle l'expérience individuelle de l'animal sur le lieu de vie. Les enquêtes révèlent des variations dans la représentation de l'ongulé en fonction d'un gradient d'urbanisation; les interactions avec l'espèce étant plus importantes en zones périurbaines, la perception d'une augmentation des populations plus marquée et évaluée négativement.

L'enquête par entretiens révèle un *mode d'habiter* périurbain, nourri par les interactions avec les espèces liminaires et mobiles de la grande faune sauvage. Elle met en évidence une diversité de cohabitations, qui ouvre la voie à une acceptation du «*vivre avec ou malgré l'autre*» (BONDON et al., 2021) dans les stratégies de coexistence avec la faune sauvage. Les représentations individuelles et collectives du sanglier entretiennent des liens étroits pour les usagers des territoires. L'enquête invite à déconstruire les catégories d'acteurs au profit des relations négociées entre individus à l'échelle microlocalisée, dans un espace périurbain hybride où les représentations habitantes de l'animal s'affrontent parfois, à travers une dialectique du visible et de l'invisible.

REMERCIEMENTS

Nous souhaitons remercier les évaluateurs et les évaluatrices pour leurs commentaires et remarques ainsi que le travail de coordination du numéro qui ont grandement participé à améliorer cette contribution.

Bibliographie

Agnes Yves, 2002 : *Manuel de journalisme : écrire pour le journal*, Paris, La Découverte.

Blanc Nathalie, 2000 : *Les animaux et la ville*, Paris, Odile Jacob.

Bar-on Ynon, Phillips Rob et Milo Ron, 2018 : « The biomass distribution on Earth », *PNAS* 115(25), 6506-6511.

Bhatia Saloni, Athreya Vidya, Grenyer Richard et Macdonald David W., 2013 : « Understanding the role of representations of human–leopard conflict in Mumbai through media-content analysis », *Conservation Biology* 27(3), 588-594.

Bondon Roméo, Mathevet Raphaël, Mounet Coralie et Chamaillé-Jammes Simon, 2021 : « Passer les limites, rythmer le territoire. Paysage et mobilités du sanglier en Valbonnais (Isère, France) », *Géocarrefour* 95(4).

Bromberger Christian, 1987 : « Du grand au petit. Variation des échelles et des objets d'analyse dans l'histoire récente de l'ethnologie de la France », in : Chiva Isac et Jeggle Utz, *Ethnologies en miroir. La France et les pays de langue allemande*, Paris, MSH, 67-94.

Ceballos Cerardo, Ehrlich Paul R. et Dirzo Rodolfo, 2017 : « Biological annihilation via the ongoing sixth mass extinction signaled by vertebrate population losses and declines », *PNAS* 114(30), 6089-6096.

Cochet Gilbert et Durand Stéphane, 2018 : *Ré-ensauvageons la France. Plaidoyer pour une nature sauvage et libre*, Arles, Actes Sud.

Cretois C. Benjamin, Linnell John D. C., Van Moorter Bram, Kaczensky Petra, Nilsen Erlend B., Parada Jorge et Rød Jan Ketil, 2021 : « Coexistence of large mammals and humans is possible in Europe's anthropogenic landscapes », *Iscience* 24(9).

Donaldson Sue et Kymlicka Will, 2016(2011) : *Zoopolis. Une théorie politique des droits des animaux*, Paris, Alma Éditeur.

Ernwein Marion et Salomon Cavin Joëlle, 2014 : « Au-delà de l'agrarisation de la ville : l'agriculture peut-elle être un outil d'aménagement urbain ? Discussion à partir de l'exemple genevois », *Géocarrefour* 89(1-2), 31-40.

Francis Robert et Chadwick Michael, 2012 : « What makes a species synurbic ? », *Applied geography* 32(2), 514-521.

Hagemann Justus, Conejero Carles, Stillfried Milena, Mentaberre Gregorio, Castillo-Contreras Raquel, Fickel Jörns et López-Olvera Jorge Ramón, 2022 : « Genetic population structure defines wild boar as an urban exploiter species in Barcelona, Spain », *Science of the Total Environment* 833(10).

Heiden Serge, Mague Jean-Philippe et Pincemin Bénédicte, 2010 : « TXM : une plateforme logicielle open source pour la textométrie – conception et développement », *10th International Conference on the Statistical Analysis of Textual Data* 2(3), 1021-1032.

Hell Bertrand, 1997 : *Le sang noir. Chasse et mythe du sauvage en Europe*, Paris, Flammarion.

Krippendorff Klaus, 2004 : *Content analysis : an introduction to its methodology*, London, Thousand Oaks.

Lafon Pierre, 1980 : « Sur la variabilité de la fréquence des formes dans un corpus », *Mots* 1, 127-165.

Lebart Ludovic, Pincemin Bénédicte et Poudat Céline, 2019 : *Analyse des données textuelles*, Québec, Presses de l'Université du Québec.

LUNIAK Maciej, 2004 : « Synurbization : Adaptation of animal wildlife to urban development », *Proceedings 4th International Urban Wildlife Symposium*, 50-55.

LUSSAULT Michel, 2003 : « Urbanité », in : LÉVY Jacques et LUSSAULT Michel, *Dictionnaire de la géographie et de l'espace des sociétés*, Paris, Belin, 966-967.

LEBART Ludovic et SALEM André, 1994 : *Statistiques textuelles*, Paris, Dunod.

MASSEI Giovanna, KINDBERG Jonas, LICOPPE Alain, GAČIĆ Dragan, ŠPREM Nikica, KAMLER Jiří, BAUBET Eric, HOHMANN Ulf, MONACO Andrea, OZOLIŅŠ Janis, CELLINA Sandra, PODGÓRSKI Tomasz, FONSECA Carlos, MARKOV Nickolay, POKORNY Boštjan, ROSELL Carme et NÁHLIK András, 2015 : « Wild boar populations up, numbers of hunters down ? A review of trends and implications for Europe », *Pest Management Science* 71(4), 492-500.

MARIN Carole, 2023 : *Sauvage en ville : le sanglier bordelais*, Université de Bordeaux 3, thèse de doctorat de géographie.

MATHEVET Raphaël et BONDON Roméo, 2022 : *Sangliers. Géographies d'un animal politique*, Paris, Actes Sud.

MATHEVET Raphaël et BECHET Arnaud, 2020 : *Politiques du flamant rose. Vers une écologie du sauvage*, Marseille, Wildproject.

MATHIEU Nicole, 2012 : « Le mode d'habiter. À l'origine d'un concept », in : MOREL-BROCHET Annabelle et ORTAR Nathalie, *La fabrique des modes d'habiter. Hommes, lieux et milieux de vie*, Paris, L'Harmattan, 35-53.

MAYAFFRE Damon, 2008 : « De l'occurrence à l'isotopie. Les co-occurrences en lexicométrie », *Syntaxe et sémantique* 9, 53-72.

MICOUD André et BOBBÉ Sophie, 2006 : « Une gestion durable des espèces animales est-elle possible avec des catégories naturalisées ? », *Natures sciences et sociétés* 14, 32-35.

MORIZOT Baptiste, 2020 : *Manières d'être vivant. Enquêtes sur la vie à travers nous*, Arles, Actes Sud.

MOUNET Coralie, 2012 : « Conflits et reconfigurations socio-spatiales autour du sanglier : des postures générales aux arrangements locaux en territoire rural », *Économie rurale* 327-328, 79-95.

OLIVER Zoé, 2021 : *Penser et agir avec le sanglier : application à deux villes de France*, mémoire de master 2, Université Toulouse Jean Jaurès, sous la direction de Laurent Legrain.

PELOSSE Valentin, 1988 : « Les modes d'interprétation des pratiques cynégétiques modernes en France », *L'Homme* 108, 122-133.

POESSEL Sharon, GESE Eric et YOUNG Julie, 2017 : « Environmental factors influencing the occurrence of coyotes and conflicts in urban areas », *Landscape and urban planning* 159, 259-269.

TOMMASI Greta, 2018 : « La gentrification rurale, un regard critique sur les évolutions des campagnes françaises », *Géoconfluences*, http://geoconfluences.ens-lyon.fr/informations-scientifiques/dossiers-regionaux/france-espaces-ruraux-periurbains/articles-scientifiques/gentrification-rurale

TOGNINI-BONELLI Elena, 2001 : *Corpus linguistics at work*, Amsterdam, John Benjamins Publishing Company.

Media and Resident Representations of the Presence of the Wild in the City: the Case of the Wild Boar

Wild boars (Sus scrofa) are usually emblematic of the wild. However, the animal has been increasingly observed in cities. This contribution provides a multiscalar reading of the representations associated with the wild boar in the city. To do so, we draw on a corpus of press articles from the regional and national daily newspapers Sud-Ouest *and* Le Monde, *as well as on surveys conducted in the urban area of Périgueux with residents of peri-urban areas. The analysis provides an understanding of the complexity and plurality of social representations in the context of conflictual human-wildlife interactions.*

***Keywords**: wild boar, cohabitation, place, discourse, representations.*

Wie wird die Wildnis, am Beispiel des Wildschweins, in den Medien und bei der Bevölkerung in der Stadt dargestellt?

*das Wildschwein (*Sus scrofa*) wird immer häufiger mit anthropogenen Gebieten in Verbindung gebracht, obwohl es ein Symbol für die « Wildnis » ist. Unser Beitrag schlägt eine multiskalare Wiedergabe der Darstellungen vor, die mit dem Huftier in der Stadt verbunden sind. Wir stützen uns dabei auf einen Korpus von Presseartikeln aus den regionalen und nationalen Tageszeitungen* Sud-Ouest *und* Le Monde *sowie auf Umfragen im Ballungsgebiet von Périgueux. Die Analyse liefert ein Verständnis für die Komplexität und Pluralität strukturierender sozialer Darstellungen im Kontext von Konflikten um die Koexistenz von Menschen und Nicht-Menschen.*

***Stichworte**: Wildschwein, Zusammenleben, Platz, Diskurs, Darstellungen.*

Vies et morts des insectes, gestions contemporaines de l'entomofaune

Joanne Clavel, chargée de recherche au CNRS, LADYSS,
Université Paris Cité, France, **joanne.clavel@cnrs.fr**
Laurane Boulenger, étudiante de master de l'Université Paul Valéry Montpellier 3,
CEFE, LADYSS, Université Paris Cité, France, **laurane0202@hotmail.fr**
Nathalie Blanc, directrice de recherche au CNRS, LADYSS,
Université Paris Cité, France, **nathali.blanc@wanadoo.fr**
Camila Leandro, postdoctorante au CEFE Univ. Montpellier,
CNRS, EPHE, IRD, Univ. Paul Valéry Montpellier 3, Montpellier, France,
camila.leandro@cefe.cnrs.fr [1]

Résumé

Un travail d'enquête auprès des acteurs et actrices de la gestion de l'entomofaune et des territoires de la métropole de Montpellier a permis de mettre à l'épreuve l'hypothèse d'une transformation des pensées et pratiques envers les insectes en lien avec les enjeux écologiques. Nos résultats montrent une grande disparité de valeurs et de pratiques des gestionnaires, selon les insectes, les territoires (de l'espace domestique aux espaces à caractère naturel), mais confirment une lente écologisation des pratiques de gestion qui façonnent les milieux par des chemins divers.

Mots-clefs *: insectes, modes de gestion, gestes, pensées-pratiques, milieux, entomofaune, urbanisation, artificialisation.*

[1] Conception : Joanne Clavel, Laurane Boulenger, Nathalie Blanc, Camila Leandro.
Terrain : Laurane Boulenger.
Analyses : Laurane Boulenger, Joanne Clavel, Camila Leandro.
Écriture : Joanne Clavel.
Relectures : Joanne Clavel, Laurane Boulenger, Nathalie Blanc, Camila Leandro.

DOI : 10.33055/GEOREGARDS.2023.016.89

D'une diversité foisonnante, les insectes représentent deux tiers de la diversité biologique (Delfosse, 2009), et presque la moitié des animaux en termes de biomasse planétaire. Sources d'enchantement comme lors des retours de migration de papillons (Raffles, 2016) ou les concerts orchestraux des orthoptères (Rothenberg, 2014), ces petites bêtes font aussi l'objet de peurs et de dégoûts (Lockwood, 2013). L'entremêlement des vies humaines avec celles des puces, des poux et des moustiques a une importance démographique significative pour les humains (Talty, 2010; Wagner et al., 2014). Réciproquement, l'anthropisation des milieux et notamment les changements et l'intensification des usages des sols sont identifiés comme la principale cause du déclin et d'extinction de la biodiversité (IPBES, 2019). À cela s'ajoute une guerre chimique initiée dans les années 1930 par l'utilisation généralisée des pesticides (Sanchez-Bayo et Wyckhuys, 2019) et dénoncée depuis longtemps (Carson, 1962). Ainsi, si les insectes sont présents sur Terre depuis plus de 400 millions d'années, pour certains (Misof et al., 2014), leur avenir est compromis (Cardoso et al., 2020).

L'écologisation est le processus de transformation sociale, notamment en termes de production des savoirs, de diffusion des connaissances, de pratiques de gestion des espaces et de concernement des populations, au contact et en réponse aux changements environnementaux. Dès la fin du xxe siècle, l'accumulation des diagnostics scientifiques sur l'état de la planète confirme la responsabilité des activités humaines et leurs liens avec la Terre, les vivants et les milieux. Ces connaissances vont être mobilisées et traduites dans le but de transformer différentes dimensions de la vie sociale, y compris les pratiques de gestions. Dans ce contexte, l'éradication des populations d'insectes est aujourd'hui questionnée par les interdépendances entre vivants et milieux terrestres. Ainsi, on observe une écologisation via la transformation rapide des pratiques et des modalités de gestion des espaces en Europe en ville (Ernwein et Tollis, 2017), dans les espaces agricoles (Barbier et Goulet, 2013) ou encore sur le littoral et notamment les plages (Levain et al., 2024). Comment les problématiques environnementales modifient-elles les pratiques de gestion des insectes ? Quelles sont celles qui favorisent les insectes et celles qui conduisent à les exterminer ? Quels sont les espaces où fleurissent, ou au contraire périssent, les vies entomologiques ? Quels sont les insectes visés par des pratiques spécifiques de gestion ?

Pour répondre à ces questions, nous interrogeons différents acteurs et actrices dont la pratique professionnelle implique une action sur les populations d'insectes dans un objectif de destruction, de régulation indirecte ou encore de protection. Nous abordons ici la notion d'écologisation des pratiques de gestion de façon inclusive – pratiques de spatialisation et de préservation de la nature, non-agir pour laisser-faire, techniques de mise à mort, orientations biotechnologiques, usages des pesticides – sans préméditer des dynamiques au sein des organisations professionnelles interrogées. En nous concentrant sur les territoires des insectes, leurs mondes, et les gestes envisagés et pratiqués à leur égard, nous reprenons l'étymologie commune de geste et gestion pour interroger l'agentivité réciproque des insectes, des humains sur un sol commun. Nous identifions ainsi une polarité entre des *gestions de mort* ciblant la destruction ou le contrôle des insectes et des *gestions de vie* ciblant la multiplication des vies entomologiques ou leur conservation. Nous étudions les milieux et les insectes eux-mêmes pour décrire les traces d'un renouvellement des pratiques de gestion, y compris indirectes, lorsque les insectes ne sont pas la cible, notamment par la législation de nombreuses molécules toxiques.

Figure 1 : Étreinte microscopique.

Figure 2 : Criquet rêveur, Sur les mailles du filet.

Figure 3 : Fureur en cage, Insectes en boîte.

Figure 4 : Un monde en miniature : une chrysomèle sur un capitule jaune.
Photographies : Laurane Boulenger.

C'est en Méditerranée, espace à très forte diversité pour l'entomofaune, et plus particulièrement au sein du territoire montpelliérain, s'urbanisant rapidement, que nous interrogeons les relations étroites entretenues entre pratiques de gestion, populations d'insectes, et les milieux. Après une description du terrain d'étude et de l'enquête, nous analysons les matériaux produits et collectés: il s'agit de la façon dont les insectes ressortent des discours et des pratiques en fonction des catégories d'insectes et d'acteurs et actrices; puis, nous décrivons les agencements complexes d'institutions et de pratiques dans les stratégies de destruction d'insectes et notamment des moustiques, avant d'aborder quelques dynamiques à l'échelle de la société. Ainsi nous dégageons différentes formes d'écologisation des pratiques de gestion des insectes à différents niveaux d'intégration: éthique, technologique, collectif et administratif.

Dispositif d'enquête

Pour traiter des liens qui lient les communautés d'insectes aux êtres humains sur les territoires, nous avons adopté une enquête multi-espèces (Kirksey et Helmreich, 2010); d'une part, ethnographique, en étudiant leurs zones de contact et d'enchevêtrements sur le terrain, y compris par la photographie, ce qui offre l'occasion de visualiser les performativités et puissances agentielles des insectes (figures 1 à 4); d'autre part, nous avons analysé à l'échelle du territoire des données d'occurrence de populations d'insectes acquises via le système mondial d'information sur la biodiversité (GBIF). Ainsi, l'enquête articule des entretiens d'acteurs et d'actrices clefs par leurs pratiques de gestion des insectes, des observations souvent participantes, des photographies et des analyses spatiales d'écologie scientifique reliant l'échelle locale à celle territoriale, tout en prenant en compte des contraintes et des circulations plus globales (nationale, européenne, planétaire…).

Territoires de vie des insectes et des humains

Notre étude concerne l'espace administratif de Montpellier Méditerranée Métropole (3M), regroupement de trente et une communes autour de Montpellier. Cette échelle de travail permet d'appréhender un espace dynamique où les processus de métropolisation se sont renforcés depuis la fin des années 1960 (Kharchi, 2021) au détriment d'espaces soit agricoles – viticoles et maraîchers – soit à plus forte naturalité – garrigues et zones humides – où une très riche biodiversité entomophile vivait et tente encore de vivre aujourd'hui (Witte et Touroult, 2014). En effet, le bassin méditerranéen, auquel appartient la métropole, est considéré comme l'un des trente-quatre hotspots de biodiversité à l'échelle mondiale par la diversification évolutive des vivants et tout particulièrement du phylum des insectes (Myers et al., 2000). Or, la destruction de nombreux habitats au bénéfice du développement économique et touristique est exemplaire. Au sud du territoire, de nombreuses dunes, à la lisière entre plages et étangs, et de larges marais, au-delà des étangs jusqu'aux garrigues de l'arrière-pays, ont été artificialisés[2] depuis les années 1960 dans le cadre de

[2] Outre une comparaison des cartographies de Cassini du XVIIIe siècle, des cartes de l'État-major du XIXe siècle et des photos des périodes 1950-1965, 2000-2005 à nos jours, une consultation des cartes anciennes aux archives de la ville de Montpellier a permis de faire traces des changements majeurs des soixante dernières années.

la mission interministérielle d'aménagement touristique du littoral du Languedoc-Roussillon (Mission Racine) initié par la DATAR.

Ainsi, penser le devenir des insectes de façon située à l'échelle de la métropole offre l'occasion de questionner leur subsistance (qui ? où ?) et de mettre en exergue les dynamiques spatiotemporelles, celles mortifères comme celles de perpétuations des vies entomophiles. Pour situer les pratiques de gestion des acteurs et actrices rencontré·e·s et préciser le contexte à partir des insectes eux-mêmes, nous avons d'abord interrogé leurs habitats. La cartographie d'occupation des sols de la métropole de Montpellier révèle un gradient d'artificialisation concentrique partant du centre historique de la ville de Montpellier vers la périphérie à plus forte naturalité (carte 1).

Pour étudier comment ce gradient d'urbanisation contraint les populations d'insectes et structure leur coexistence avec les humains, nous avons analysé leur répartition à partir de données de présences. Comme cartographié pour trois espèces protégées – le papillon Diane (*Zerynthia polyxena*), la libellule Cordulie à corps fin (*Oxygastra curtisii*) et la sauterelle Magicienne dentelée (*Saga pedo*) – nous observons une forte *urbanophobie*[3], c'est-à-dire que leurs populations ont décliné jusqu'à disparaître dans les territoires qui se sont urbanisés (carte 2). La spatialisation des présences de ces trois espèces en fonction de l'artificialisation incarne un phénomène généralisé chez l'ensemble des communautés d'insectes (Fattorini, 2011, Fontaine et al., 2016).

Enquêtes auprès des actant·e·s

Dans la lignée des théories interactionnistes de la performance (Bardet et al., 2019), nous avons abordé la notion de gestion au sens large, c'est-à-dire d'un ensemble d'actions et de pratiques de personnes qui ont des gestes[4] influents sur les populations d'insectes et leurs milieux. Ainsi nous défendons l'idée que les interventions de gestion s'inscrivent dans un ensemble de liens, de normes et d'attachements aux insectes et à leurs milieux de vie que ces gestes mettent en évidence. Nous cherchons à explorer les liens entre le *geste intime et le façonnage des milieux*[5] afin d'étudier les agencements complexes à différentes échelles de choses et d'êtres. En effet, si la gestion de l'environnement est un objet historique des politiques de conservation avec ses normes et ses experts, ses instruments et ses débats, il existe d'autres formes de gestion des milieux tout aussi importantes pour les populations d'insectes à commencer par l'agriculture dont les pratiques – et notamment le recours aux insecticides – déterminent abondamment les régimes de vie et de mort de la biodiversité vivant dans ces larges espaces. Dans cette perspective, des viticulteurs

[3] En écologie scientifique les espèces qui s'implantent en espaces urbains sont dites *urbanophiles* et les espèces qui l'évitent sont dites *urbanophobes* (Desaegher et al., 2018). Nous empruntons cet usage langagier sans plus le commenter.

[4] Pour une description des gestes observés sur le terrain entre gestionnaires et insectes – du filet à papillon au laboratoire – nous renvoyons à la dernière partie du mémoire de master de Laurane Boulanger, 2020. S'y trouve également une analyse de l'enquête à partir du cadre théorique foucaldien du biocontrôle.

[5] Séminaire *Spatialités des vivants*, LADYSS, Université Paris Cité, depuis 2018 : https://www.ladyss.com/ateliers/atelier-6/

ont été rencontrés (2 personnes). L'étude étant au cœur d'une métropole universitaire et touristique, nous avons également interrogé les gestionnaires d'espaces verts (3) et de sites naturels (2) et deux catégories de spécialistes du monde des insectes : les entomologistes (salariés de bureaux d'études, d'associations ou indépendants) (5) et les chercheur·e·s ou ingénieur·e·s dont l'objet d'étude porte sur la « Classe » des insectes (7), et dont certains sont entomologistes quand deux autres sont des acteurs et actrices de la démoustication. Des acteurs de la lutte et du contrôle des insectes viennent compléter notre cohorte de gestionnaires (3).

Le corpus contient 22 entretiens semi-directifs (de 1 h à 3 h). Les thématiques abordées éclairent les parcours de vie, les rencontres avec les insectes et leurs mondes, les différentes pratiques de gestion en insistant sur les transformations contemporaines des pratiques et les expériences de mises à mort. Seize heures d'observation (y compris participante) ont été réalisées lors de sorties naturalistes, d'accompagnement de professionnels de l'éradication, de travail dans les vignes ou encore de pratiques de laboratoire. Si la conceptualisation du terrain a largement été discutée et balisée en amont par les encadrantes en 2019, l'étude a rencontré de multiples difficultés liées à la crise sanitaire du printemps 2020 et l'une des conséquences est la surreprésentation des profils scientifiques et naturalistes dans notre échantillon plus facilement activables par les réseaux déjà établis. Il manque indiscutablement des voix et des gestes de gestionnaires non représentés, notamment des agent·e·s ou professionnel·le·s de désinsectisation privé·e·s, des agriculteurs et agricultrices non-viticulteurs et viticultrices et surtout en agriculture conventionnelle, sans oublier les habitant·e·s de la zone métropolitaine et leurs pratiques. L'ensemble du terrain ethnographique a été mené par Laurane Boulenger dans le cadre de son stage de master 2 financé par la Fondation pour la recherche en biodiversité. L'étude s'inscrit dans les thématiques de recherche au long terme des autres co-autrices à savoir : animal en ville (BLANC, 2000), conservation des insectes (LEANDRO, 2023), conflit humains-animaux (CLAVEL et SALVATIERRA, 2024), agentivité des vivants, gestes qui façonnent les milieux (CLAVEL, LEVAIN et REVELIN, 2024).

RÉSULTATS ET DISCUSSION

CHANGEMENTS DE PRATIQUES ET ÉCOLOGISATION ÉTHIQUE

L'agentivité des insectes influence directement les discours et les espaces d'action des gestionnaires. Le détail des pratiques est plus complexe que ne le laisse penser l'organisation des filières professionnelles, avec la prise en compte de nouveaux enjeux éthiques qui ébranlent les pratiques traditionnelles.

CES DISCOURS QUI (RÉ)ORIENTENT LES GESTES ET PRATIQUES

La très grande majorité des personnes enquêté·e·s (20) reconnaissent que leur métier implique une gestion des insectes et se sentent gestionnaires d'insectes. La moitié des enquêté·e·s décrivent les insectes comme étant des « nuisibles ». Il y a ceux qui causent des dégâts sur les plantes agricoles, notamment la Cicadelle *Scaphoideus titanus* responsable de la maladie des vignes de la flavescence dorée, et ceux qui comme le moustique-tigre *Aedes albopictus*, transmettent directement

Graphique 1 : Ordre des différents insectes cités par les enquêté·e·s et faisant l'objet de pratiques de gestion spécifiques « Suivi et conservation », d'un côté, et « Contrôle et lutte », de l'autre

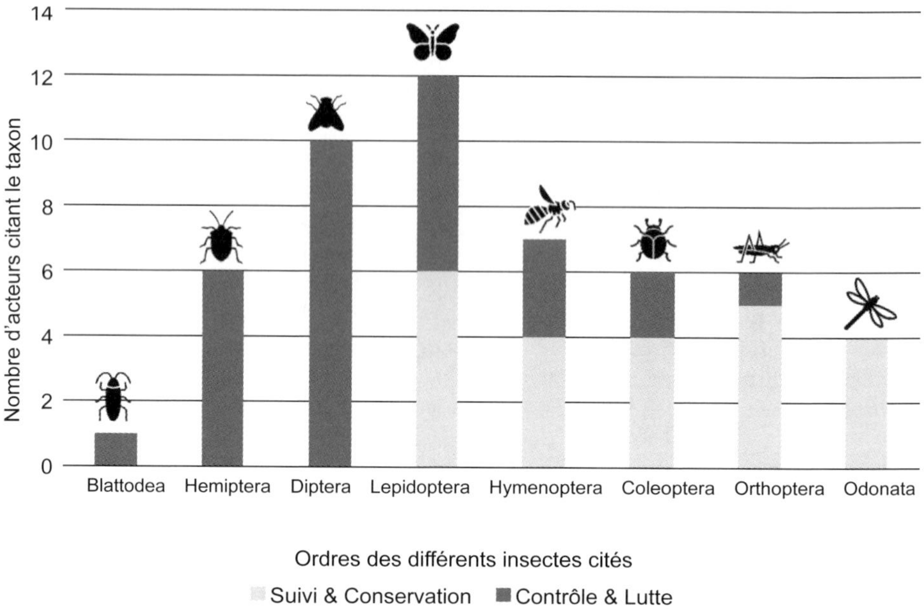

Icônes issues de flaticon.com.

des maladies aux humains et prolifèrent dans la région montpelliéraine depuis plus d'une dizaine d'années.

Ainsi, lorsque l'on observe la répartition des insectes selon leur modalité de gestion de vie et de mort (graphique 1) et leur ordre taxonomique, certains ne sont évoqués que pour la « destruction » ou la « régulation » de populations. Ces luttes contre les insectes sont menées pour des motifs de contrôle[6] sanitaire comme pour les diptères (moustiques), de contrôle phytosanitaire comme pour les hémiptères (punaise, cicadelle) et de contrôle domestique comme pour les blattes et les punaises de lit. Ces dernières sont en « *pleine explosion* », nous dira le désinsectiseur rencontré, comme partout en Europe (Salomon Cavin, 2022). Sur la cinquantaine d'espèces de moustiques du littoral méditerranéen, dont seule une quinzaine pique les humains, deux espèces sont particulièrement concernées par la lutte organisée : *Aedes caspius* et *Aedes detritus*. Ces dernières se déplacent sur plusieurs kilomètres (entre quinze et vingt) et sont donc capables d'investir les agglomérations. *Culex*

[6] On prendra le temps de méditer sur le langage courant qui utilise « contrôle » comme verbe d'action et non « détruire », euphémisme signifiant de la guerre ancienne contre les insectes.

modestus, un moustique qui se développe dans les rivières ou dans des roselières, a, par contraste, une petite aire d'envol nous explique Benjamin: «*il vole dans les 500 m–1 km maximum, autour de son gîte larvaire*», c'est donc un moustique qui «*ne va pas générer de grosses nuisances dans les agglomérations urbaines*». Contre les «bons voiliers» comme ils sont surnommés, il faut en revanche agir.

De leur côté, les papillons dans leur ensemble (Lepidoptera) sont autant évoqués pour des modalités de destruction que de protection y compris pour une même espèce. En effet, des distinctions importantes existent entre différents moments du cycle de vie avec la phase chenille parfois «ravageuse» et la phase imago valorisée pour son rôle de «pollinisateur». Si les enquêtés ne le verbalisent pas, on note toutefois que cette double distinction de gestion de vie et de mort au sein du cycle de vie n'est évidente que pour des espèces de papillons de nuit. Certains groupes spécialisés sur les denrées alimentaires, comme les mites – et la fameuse Pyrale méditerranéenne de la farine (*Ephestia kuehniella*) – sont à «détruire», et ce, quel que soit le stade du cycle de vie. D'autres insectes – Odonata, Orthoptera, Hymenoptera – sont principalement nommés par les gestionnaires d'espaces naturels et les naturalistes. Les libellules, par exemple, ne sont évoquées que pour leur protection et sont systématiquement associées à leur rôle d'indicateur de la qualité écologique des milieux.

Ces connaissances qui (ré)orientent les gestes et pratiques

Comme pour de nombreux autres vivants, les insectes sont hiérarchisés pour justifier les actions subies (Rodriguez et al., 2018). Les discriminations seront différentes selon l'objectif de gestion. Pour les gestionnaires impliqué·e·s dans le «Contrôle», c'est l'opposition «nuisibles» *vs* «bénéfiques» qui s'exprime. Pour les acteur·rice·s de la «Conservation», c'est la distinction «patrimoniales et protégées» *vs* les «autres», ou encore les espèces «rares» *vs* «communes» qui priment, comme le relate cette note de terrain:

> Une abeille butine sur une Astéracée. Je lui montre, il s'approche avec son filet. «*Après… les trucs qui butinent sur les Astéracées ou les plantes jaunes, ça va pas être révolutionnaire.*» […]
>
> Il capture une autre abeille du genre *Antophora* et la met dans son tube. «*Il y a 99% de chance que ce soit une banalité mais bon… On n'sait jamais!*»

L'ensemble des gestionnaires s'accorde sur une hiérarchisation opposant espèces «endémiques» et «invasives», les premières étant valorisées par rapport aux secondes comme l'exprime Patrice à propos de moustiques: «*Moi, quand je vois un Camarguais, je n'ose pas le tuer, je suis content! Je me dis… c'est un Camarguais, il est de chez nous celui-là!* [silence] *Le moustique tigre c'est un enfer, un enfer…*»

Si tous les gestionnaires enquêté·e·s revendiquent aimer la nature, certain·e·s d'entre eux développent des pratiques dites «naturalistes», des pensées-pratiques avec la nature très spécifiques (Manceron, 2022). Parmi les onze enquêté·e·s qui se qualifient de «naturalistes», catégorie qui dépasse largement les étiquettes professionnelles (fonctionnaires, salariés ou indépendants), presque tou·te·s ont développé cette pratique d'attention au monde des insectes grâce à des observations répétées *in situ,* à l'aide d'un initiateur et depuis l'enfance, étayant l'idée que dès l'enfance l'entourage influence nos relations aux insectes (Fukano et Soga, 2023). «*C'est comme Obélix, tombé dans la marmite quand il était petit* [...] *les effets sont permanents pour le restant de la vie*», nous dit Julien. Cet intérêt souvent «passionnel» est un amour qui n'a pas empêché les expériences de mutilations et de mises à mort telles qu'«*arracher les pattes des sauterelles*» ou encore «*brûler les fourmis avec des loupes*» sans parler des multiples écrasements. Et pourtant, un tournant s'opère au sein des naturalistes sur les modes de collecte contemporaine historiquement létaux[7]. La nécessité de la «mise à mort» est disputée: le changement générationnel de la population de naturalistes accompagne une évolution des formes d'expertise et des compétences. Pour les entomologistes les plus âgés, les naturalistes «disparaissent» et ne sont pas remplacés comme l'exprime Jacques: «*C'est sûr qu'identifier un Carabe doré est à la portée du premier venu... Mais pour les 2/3 des Carabes de France, c'est un autre boulot pour mettre un nom dessus. Et tu comptes aujourd'hui sur les doigts de la main les gens en France compétents pour les identifier.*» À l'inverse, les jeunes naturalistes font tous état d'une évolution positive du nombre de personnes intéressées par l'entomologie: «*Ça a explosé!*», nous dit Julien, «*Il n'y a jamais eu autant de gens qui veulent se former aux insectes!*», s'enthousiasme Simon. Or, poussées par le constat du déclin global des populations d'insectes, ces dernières personnes intègrent des techniques d'identification non létales qui, par ailleurs, permettent l'élaboration de très grands jeux de données à large répartition spatiale et décuplent ainsi les performances scientifiques (Couvet et al., 2008) et le nombre de pratiquant·e·s qui examinent les insectes (Van Klink et al., 2022). Nous observons ainsi une première forme d'écologisation des pratiques de gestion dans la communauté transprofessionnelle des naturalistes évitant la mise à mort des insectes pour des raisons éthiques; et ce, au prix d'une tension intergénérationnelle de valeur de gestes sur ce que seraient de «bonnes pratiques» entomologistes.

Écologisation des milieux de gestion

Ces insectes qui structurent les milieux de gestion

Les résultats de l'analyse cartographique (cartes 1 et 2) viennent renforcer les propos des gestionnaires et souligner l'extension géographique des pratiques de gestion des insectes. D'une part, celles et ceux qui protègent les vies portent leur action en périphérie de la métropole dans des espaces à forte naturalité dont certains sont à visée de conservation (zones Natura 2000, réserves). D'autre part, les acteurs et actrices de la gestion de la mort interviennent au cœur des zones urbaines ou dans des «foyers potentiels» de prolifération. En cela, les insectes sont aussi producteurs d'espaces de gestion puisqu'ils déterminent les lieux de pratiques. Certes, la différence de pratiques entre centre et périphérie urbaine est importante, mais quelques espaces cumulent des pratiques de gestion plus mixtes. Ces lieux où gestion de vie et de mort coexistent sont par exemple les milieux agricoles et aquatiques, notamment les lagunes et les marais littoraux.

[7] La mise à mort des insectes est une pratique courante en sciences écologiques et chez les naturalistes. L'identification précise des insectes (niveau de l'espèce) demande chez de nombreux groupes une dissection sous loupes binoculaires des pièces génitales, parfois buccales ou des récepteurs sensoriels.

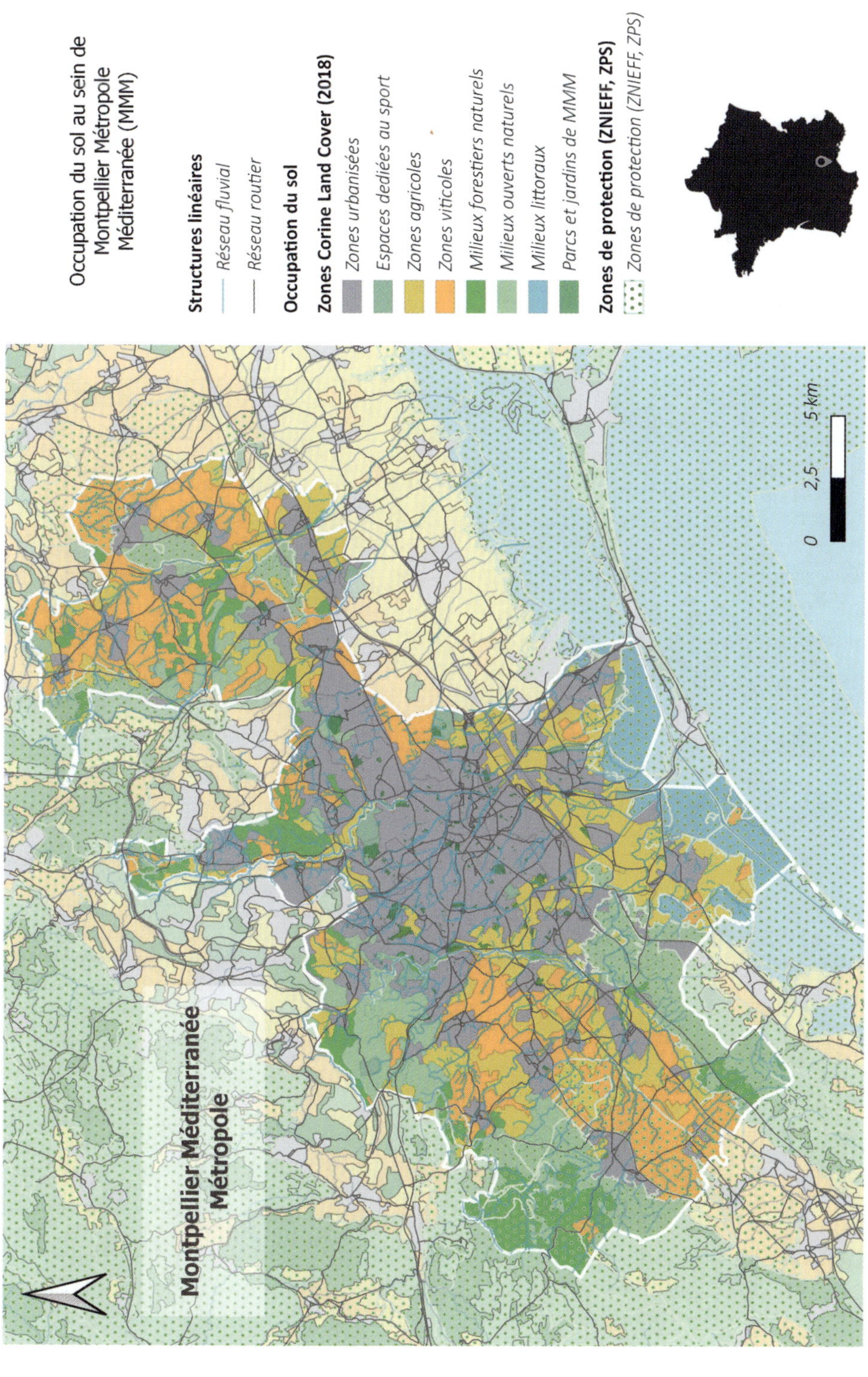

Carte 1 : Habitats par occupation des sols de l'agglomération Montpellier Méditerranée Métropole, à partir des données biophysiques de Corine Land Cover de 2018. Autrice : Camila Leandro.

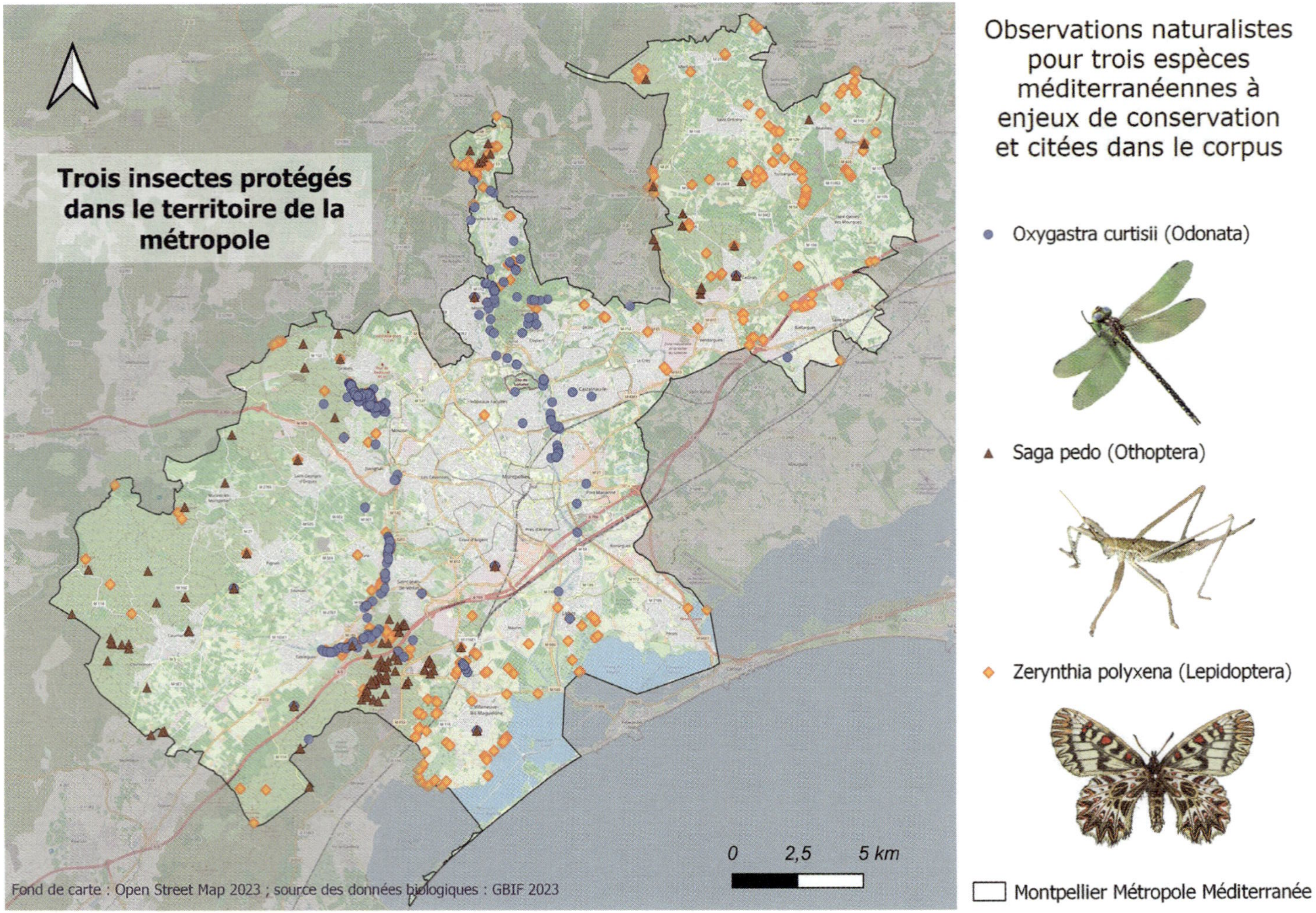

Carte 2 : Cartographie des populations d'insectes, Lepitodeptère, Odonate et Orthoptere protégés. Utilisation des données d'occurrences (2000-2020, gbif.org) et projetées sur Open Street Map (2023). *Autrice : Camila Leandro.*

L'héritage du Languedoc comme «pays de fièvres», avec jusqu'en 1940 de nombreuses épidémies de paludisme (Derex, 2008), laisse encore des traces dans le dossier d'information de l'EID Méditerranée: «*Les villes, les campagnes et les plages risquaient de passer à côté de sérieuses opportunités de développement économique et touristique. Car elles étaient envahies par des insectes insupportables: les moustiques, qui rendaient ce pays magnifique invivable!*» (EID, 2018: 2). Depuis 1958, l'Entente interdépartementale de démoustication (EID) pilote une démoustication systématique afin «d'assainir» le territoire et développer le tourisme de masse. Initialement par dichlorodiphényltrichloroéthane (DDT), puis au moyen d'organophosphorés, l'EID se concentre aujourd'hui sur deux types d'action pouvant toucher des zones naturelles protégées: le traitement bio-insecticide sur les larves avec le Bti (*Bacillus thuringiensis israelensis*) et le traitement neurotoxique sur les adultes par deltaméthrine, molécule dont l'utilisation en France relève du domaine de la santé publique. Or, des travaux de recherche ont démontré que l'usage des Bti est un facteur indirect de déclin des populations d'invertébrés aquatiques, dont les libellules par ailleurs protégées par des lois (Poulin et al., 2010; Jakob et Poulin, 2016). Ce manque de cohérence des politiques territoriales conduisant à des actions aux bénéfices opposés sur un même espace entraîne souvent controverses et conflits comme dans le cas des algues vertes (Levain et al., 2021) et pourtant aucune conflictualité n'a été observée ou rapportée sur notre terrain.

Ce paradoxe territorial n'en est pas moins une seconde marque de l'écologisation des pratiques de gestion qui résulte de l'arrivée des politiques de protection de la biodiversité sur des territoires jusqu'à présent orientés vers le seul «contrôle» des populations d'insectes, menant à ce jour à des pratiques de vie et de mort sur un même terrain. La différence de pouvoir de ces deux cadrages politiques est importante, et renforcée par la non-contestation des habitant·e·s, qui s'accommodent de l'éradication des moustiques. Dans «cette guerre» déclarée aux diptères, les pratiques contemporaines s'inscrivent dans de nouvelles techniques de lutte, des technologies d'ingénierie physiologique, virologique et robotique.

Le contrôle des diptères

De l'usage des cartes écologiques

L'agencement complexe de la lutte antimoustique requiert des molécules chimiques et des bacilles, mais aussi de la prospection sur le terrain, de la cartographie et des savoirs scientifiques écologiques. C'est la variation du niveau de l'eau qui entraîne l'éclosion des œufs. «*La pluie, le vent, les coups de mer*», mais aussi «*les activités de chasse*» deviennent des indices d'éclosions prochaines, pour Benjamin de l'EID, lui demandant réactivité sur le terrain. Dans les trois-quarts des situations, les traitements se font par voie aérienne (avions et hélicoptères), le reste se faisant par voie terrestre. L'autre outil central dans le contrôle des moustiques est la cartographie. «*Il y a une forte corrélation entre la végétation des milieux et la présence des œufs*», nous dit Benjamin soulignant ainsi la «capacité d'enrôlement» des cartes où toute une série d'êtres vivants – humains, plantes, bactéries, moustiques – sont mis en relation et entraînés dans un enchevêtrement complexe de pratiques de gestion et de relations de pouvoir (Noucher et al., 2019). Les cartes, comme souvent, deviennent un instrument de « savoir-pouvoir ». Les savoirs écologiques cernent l'ennemi. La biologie des insectes, la botanique, l'hydrodynamique sont mobilisées pour produire des cartes de distribution des populations – espèces et abondances – recensant précisément les habitats larvaires. Cette surveillance fine permet d'exercer un contrôle « efficace » en ciblant des zones précises de destruction des larves.

Des ions, des drones et des virus

S'affranchir des molécules chimiques « délétères » tant sur les humains que sur l'environnement est au cœur du développement des nouvelles technologies affirment les chercheur·e·s engagé·e·s dans la lutte (santé humaine et santé des plantes). La technique de l'insecte stérile (TIS) consiste à élever des insectes en masse, à isoler les mâles pour les irradier par rayonnement ionisant et les rendre stériles afin qu'ils s'accouplent avec les femelles sauvages une fois relâchés. Plus de vingt-cinq espèces d'insectes font l'objet de TIS, et des programmes sont déjà opérationnels à grande échelle pour quatorze espèces d'insectes (en majorité des diptères phytopathogènes). Philippe parle des techniques mises au point pour les moustiques : « *On a créé des racks, des plateaux d'élevage de masse pour les larves. Donc on peut produire maintenant des centaines de milliers de mâles par mètre carré.* » L'élevage de masse demande une rationalisation maximale. La « qualité » du moustique mâle est très importante nécessitant de nombreux soins. Enfin survient l'étape cruciale du lâcher, qui est le moment où les insectes peuvent subir le plus de « dommages » ; ainsi des drones[8] sont utilisés pour préserver au mieux les moustiques et cibler, à l'aide des cartes, les zones précises d'introduction des individus stériles. En agriculture comme dans la lutte antivectorielle, la TIS change singulièrement le statut de l'insecte. Comme l'explique Cécile, travaillant sur des mouches (*Drosophila suzukii*) causant des plaies sur les fruits qui favorisent en plus d'autres maladies agricoles, les insectes stériles passent du statut de « *ravageurs* » à celui d'insectes « *utiles* » car « *ils accompagnent l'agriculteur dans sa lutte biologique* ».

La TIS « boostée » vient, dans l'entreprise de contrôle, enrôler un nouveau partenaire au corps de l'animal déjà augmenté par la technologie. À la stérilisation interne, s'ajoute un enduit externe de densovirus, créant un assemblage technologique « innovant » nous explique Philippe : « *On est en train de tester un biopesticide qui s'appelle densovirus… un virus très spécifique et qui est très efficace contre les moustiques. On recouvre in fine les mâles stériles de ce virus, de manière à ce que lorsqu'on les lâche, ils contaminent les femelles qu'ils touchent et amènent du virus dans tous les gîtes.* » Ainsi, les mouvements incontrôlables des moustiques sont mis ici au service d'une autre puissance d'action. Un agencement où les insectes stérilisés, accompagnés de virus sur le corps et de drones dans le ciel, deviennent des alliés pour les humains dans leur guerre : les mouvements des moustiques TIS ne menacent plus l'espace urbain, ils participent au contraire à sa sécurisation, à la formation de barrières contre les ennemis de sa propre espèce.

[8] Anglicisme signifiant faux bourdon, suite à leur vol bruyant.

Déroutes de la maîtrise des vivants

Cependant, depuis une quinzaine d'années, une nouvelle espèce de moustique bouleverse la gestion territoriale: *Aedes albopictus,* plus connu sous le nom de Moustique tigre, appellation liée aux stries blanches qui balayent corps et pattes. Ce dernier est potentiellement vecteur de maladies (dengue, chikungunya) impliquant de nouveaux partenaires de contrôle (Agence régionale de santé, médecins, hôpitaux). Sa lutte transforme les pratiques de gestion en profondeur (Cardi, 2022) puisqu'il vit et se reproduit directement dans l'espace urbain, dans des micro-habitats situés dans des espaces privés (des jardins et des terrasses de particuliers), hors de portée des professionnels de la gestion, comme l'EID. Le «regard» attentif et spécialiste qui repère rapidement les gîtes larvaires potentiels «*doit être transmis*» aux habitant·e·s et repose désormais sur l'implication de leur surveillance. Ainsi, sur l'année 2019, 51 spots télévisuels et 120 messages radio ont été passés par l'EID à destination du grand public afin que vigilance et contrôle s'immiscent jusque dans la sphère intime.

Les insectes semblent être de formidables exemples des formes de résistance ressortant simplement des dynamiques du vivant. Le vol des insectes, autrefois une modalité essentielle de leur résistance à l'éradication (Shaw et al., 2010), est aujourd'hui détourné par l'utilisation de mâles aux corps imbibés de pathogènes. Cependant, le déplacement de populations d'insectes sous l'effet du changement climatique[9], ici le moustique tigre, transforme les communautés et déjoue autrement les plans humains de destruction.

Écologisation de la société

Dans notre étude, les transformations de pratiques opèrent à l'échelle de la société par des volontés tant portées administrativement que par des formes de pressions sociales ou par des opportunités de niche professionnelle en adéquation avec des convictions personnelles.

L'entreprise de désinsectisation et de dératisation de Laurent s'est spécialisée dans la lutte biologique après la lecture des rapports de l'EID; Laurent explique qu'«*ils disaient que les produits qu'ils utilisent pour tuer les moustiques sont de moins en moins efficaces, qu'ils sont de plus en plus protecteurs de l'environnement*». Ainsi il a développé une nouvelle pratique «sélective» avec des bornes pièges à CO_2, composées d'une bouteille de CO_2 et d'un leurre olfactif imitant l'odeur corporelle des humains, «*les deux principes actifs qui attirent le moustique*». Il loue les bornes, les installe et s'occupe ensuite de la maintenance mensuelle: vider les filets, changer la bouteille de CO_2 et l'appât olfactif. «*Ça cartonne!* […] *On peut capturer jusqu'à 1 000 moustiques par jour*». Pour prouver l'efficacité à ses clients de ses bornes, il leur fait faire le «tour des filets». Dans la métropole, regarder les moustiques morts entassés les uns sur les autres devient même «*une activité amusante à faire en famille*». Ici, la chimie est encore au cœur des pratiques, mais détournée pour imiter

[9] L'ensemble de la biodiversité (terrestre et marine) ajuste ses aires de répartition sous les effets des changements climatiques. Des moustiques tropicaux vecteurs de maladies prolifèrent dans des zones désormais plus chaudes et humides, comme le sud de la France.

les odeurs du corps humain et ainsi leurrer les moustiques sans autre trace dans les milieux que leur mort en masse.

Les deux agriculteurs rencontrés synthétisent à eux seuls les différentes formes de pratiques de gestions rencontrées sur la métropole de Montpellier allant des éthiques individuelles aux normalisations sociales et politiques, menant parfois à des enrôlements d'acteurs hétérogènes et des agencements d'objets. Malgré des motivations différentes, ils font partie des 15 % des viticulteurs et viticultrices à détenir un label « biologique ». L'un quitte un système de coopérative afin de passer l'ensemble de ces terres, héritage familial, en biodynamie par conviction écologique, quand l'autre est actuellement en conversion « bio » parce qu'il « *ressentait une forte pression* » sociale tant des consommateurs et des consommatrices que de ses voisins·e·s.

Les vignes d'Occitanie ont leur « bête noire » : la Cicadelle (*Metcalfa pruinosa*). Comme pour le moustique tigre, la lutte phytosanitaire chimique est obligatoire, qu'importe la pratique agricole. Elle va mobiliser, au-delà de l'agriculteur, un réseau hétérogène d'acteurs et actrices qui ensemble participent à la surveillance du territoire : la DRAAF (Direction régionale de l'alimentation, de l'agriculture et de la forêt), la FREDON (Fédérations régionales de lutte et de défense contre les organismes nuisibles) et les GDON (Groupement de défense contre les organismes nuisibles), composés entre autres d'agriculteurs et agricultrices volontaires. Il s'agit d'arpenter des parcelles de vignes, à la recherche des symptômes de la maladie. Si plus de 20 % des pieds sont contaminés, il faut arracher l'intégralité des pieds. « *T'as des coins, ils ont morflé avec ça* […] *ils ont arraché, je sais plus combien, 15 ou 20 hectares* ! », dit Valentin qui, comme Louis, a participé aux prospections. Ils redoutent sa présence mais se désolent des traitements obligatoires.

Si d'un point de vue administratif, leur pratique de gestion est biologique, le rôle des insectes dans la vigne est pensé et pratiqué différemment. Pour Valentin, l'idée d'une nature « sale » en lien avec la présence d'insectes subsiste : « *L'hiver, quand il est un peu rude, ça élimine pas mal d'insectes. Ça nettoie bien la vigne. Au moins, on part avec une nature un peu plus propre quoi.* » Il régule d'ailleurs les populations d'insectes dans ces vignes avec l'installation de nichoirs à chauves-souris insectivores. Pour Louis, qui gère ses parcelles pour avoir des milieux diversifiés – des haies, des bois, des prairies – et installe des maisons à insectes, c'est l'abondance et la diversité des insectes qui est recherchée. « *Des insectes, on en voit des millllliers ! Dès le début mars, fin février, on voit énormément de coccinelles. C'est vraiment la toute première bestiole que l'on voit dans les vignes.* […] *Des guêpes, bien sûr, qui vont faire leur nid tout au long de l'été... et piquent les mains des vendangeurs en septembre.* […] *Il y a beaucoup de gendarmes et d'autres coléoptères couleur bronze. Il y en a beaucoup de ça, beaucoup beaucoup. Il y a aussi beaucoup de criquets, de grillons... Bien sûr beaucoup de cigales l'été. Des épiphigères de temps en temps. L'autre jour on a vu un phasme.* […] *et les mantes religieuses, y'en a aussi des milliers.* » La présence des insectes est pour lui une preuve que ses terres sont « accueillantes » et permettent à la vie de s'épanouir ; un signe de « bonne » santé pour ses vignes.

Conclusion

Notre enquête auprès de divers acteurs et actrices de la métropole montpelliéraine nous a permis d'observer des modifications de gestion de l'entomofaune. Si les insectes structurent spatialement les modes de gestion, et de façon très différenciée selon le groupe d'espèces favorisant les libellules mais exterminant nombreux diptères, certains milieux ont la double injonction contradictoire de « contrôler » et « conserver » les insectes comme dans les zones humides et agricoles. Pour une petite partie bien spécifique de gestionnaires, les jeunes naturalistes, des modifications de pratiques notables sont en cours en lien direct avec l'état dramatique des populations d'insectes à l'échelle mondiale, entraînant chez eux une réflexivité sur leurs pratiques. Passion cultivée jusqu'à sa professionnalisation dans des filières variées – scientifique, naturalistes en bureau d'études, association ou indépendant, gestionnaire d'espace naturel – elle devient, chez les plus jeunes, indissociable de relations éthiques décrivant la responsabilité individuelle et collective vis-à-vis des insectes comme une forme d'impératif moral de réciprocité. D'autres formes d'écologisation des pratiques de gestion apparaissent suite à de nouvelles réglementations des molécules chimiques (zéro-phyto, toxicités des insecticides) qui peuvent parfois s'accompagner d'une transformation matérielle des vivants, physiologique, multispécifique, pour assurer la continuité de l'efficacité dans la guerre menée envers les insectes (Bti, TIS). Pour la plupart des acteurs et actrices, cette écologisation n'a pas de lien direct avec les insectes mais avec la continuité des matières, des corps et des milieux, faisant apparaître des liens entre santé des populations humaines et santé des écosystèmes. Enfin, nous avons décrit les agencements complexes – de choses et d'êtres – qui composent la gestion contemporaine de l'entomofaune en y soulignant le rôle primordial de la cartographie, des biotechnologies et de la robotique pour piéger les populations d'insectes. Si les humains tentent d'imposer leurs ordres spatiaux aux insectes, ils n'y parviennent jamais totalement. Par leur nombre, leur diversité, leur petite taille, leur cycle biologique, leur mouvement, leur adaptabilité, les insectes transgressent et échappent sans cesse à ces assignations, jouant un rôle majeur en tant que producteurs d'espaces. Ce sont finalement les liens continus entre santé des humains et santé des écosystèmes qui donnent l'occasion au repeuplement des villes par les insectes. Une forme de réensauvagement mineure à l'heure où les villes continuent l'artificialisation des terres de vie de la faune sauvage.

Bibliographie

Barbier Jean-Marie et Goulet Frédéric, 2013 : « Moins de technique, plus de nature : pour une heuristique des pratiques d'écologisation de l'agriculture », *Natures Sciences Sociétés* 21, 200-210.

Bardet Marie, Clavel Joanne et Ginot Isabelle (éd.), 2019 : *Écosomatiques : penser l'écologie depuis le geste*, Montpellier, Deuxième Époque.

Blanc Nathalie, 2000 : *Les animaux et la ville*, Paris, Odile Jacob.

Boulenger Laurane, 2020 : *Gestions contemporaines de l'entomofaune*, mémoire de master, CEFE, Université Paul Valery Montpellier 3, LADYSS, https://www.ladyss.com/wp-content/uploads/2023/11/Rapport-de-stage-v2.pdf

Cardi Juliette, 2022 : *Les nouveaux quartiers du moustique tigre : conception des espaces bâtis et prolifération d'Aedes albopictus dans trois villes des Bouches-du-Rhône : diagnostic et préconisations*, thèse de doctorat, Université Aix-Marseille.

Carson Rachel, [1962] 2009 : *Printemps silencieux*, Marseille, Wildproject.

Clavel Joanne et Salvatierra Violeta, 2024 : *Fabriques d'altérité aux temps du retour des loups. Les enjeux écosomatiques de* Lou Pastoral, Terrain n° 80 *Sensibilia*, coordonné par Jeremy Damian et Marc Higgin, *In press*.

Clavel Joanne, Levain Alix et Revelin Florence, 2024 : *Des vies avec des plages. Expériences, relations, devenirs*, Rennes, Presses universitaires de Rennes.

Couvet Denis, Jiguet Frédéric, Julliard Romain, Levrel Harold et Teyssedre Anne, 2008 : « Enhancing citizen contributions to biodiversity science and public policy », *Interdisciplinary Science Reviews* 33(1), 95-103.

Delfosse Emmanuel, 2009 : « Le nombre d'espèces d'insectes connus en France et dans le monde », *Le bulletin d'Arthropoda* 42(4), 4-37.

Derex Jean-Michel, 2008 : « Géographie sociale et physique du paludisme et des fièvres intermittentes en France du xviiie au xxe siècles », *Histoire, Économie & Société* 2, 39-59.

Desaegher James, Nadot Sophie, Fontaine Colin, Colas Bruno, 2018 : « Floral morphology as the main driver of flower-feeding insect occurrences in the Paris region », *Urban Ecosystem* 21, 585-598.

Eid Méditerranée, (Entente interdépartementale pour la démoustification du littoral méditerranéen) 2018 : « Rapport d'activité », dernière consultation sur le site le 14 janvier 2023.

Ernwein Marion et Tollis Claire, 2017 : « Produire la ville vivante : le travail des citadins et des non-humains », *L'Information géographique* 81, 13-31.

Fattorini Simone, 2011 : « Insect extinction by urbanization : a long-term study in Rome », *Biological Conservation* 144(1), 370-375.

Fontaine Benoit, Bergerot Benjamin, Le Viol Isabelle et Julliard Romain, 2016 : « Impact of urbanization and gardening practices on common butterfly communities in France », *Ecology and Evolution*, 6(22), 8174-8180.

Fukano Yuya, et Soga Masashi, 2023 : « Evolutionary psychology of entomophobia and its

Implications for insect conservation », *Curr Opin Insect Sci.* 59.

Kirksey Eben, et Helmreich Stefan, 2010 : « The emergence of multispecies ethnography », *Cultural Anthropology* 25(4), 545-576.

IGN, *Remonter le temps, évolution des territoires de Montpellier du 18e à nos jours*.

IPBES, 2019 : *Global assessment report on biodiversity and ecosystem services of the Intergovernmental Science-Policy Platform on Biodiversity and Ecosystem Services*. E. S. Brondizio, J. Settele, S. Díaz, and H. T. Ngo (editors).

Jakob Christiane et Poulin Brigitte, 2016 : « Indirect effects of mosquito control using Bti on dragonflies and damselflies (Odonata) in the Camargue », *Insect Conservation and Diversity* 9(2), 161-169.

Kharchi Mohamed, Tahar Tamouh, 2021 : *Mobilité, transport et organisation de l'espace dans la métropole de Montpellier*, thèse de doctorat, Université Paul-Valéry Montpellier 3.

Leandro Camila, 2023 : « Insect and arthropod conservation policies : the need for a paradigm shift », *Current Opinion in Insect Science*, 101075.

Levain Alix, Clavel Joanne, Revelin Florence, Kerbiriou Christian, Le Viol Isabelle, 2024 : « Quelques-un·e·s que les plages habitent. Expériences des frontières et écologisation de la gestion du littoral », in : Clavel Joanne, Levain Alix et Revelin Florence (éd.), *Des vies avec des plages. Expériences, relations, devenirs*, Rennes, Presses universitaires de Rennes.

Levain Alix, Barthelemy Carole, Bourblanc Magalie, Douguet Jean-Marc, Euzen Agathe et Souchon Yves, 2021 : « Des océans indigestes : l'émergence de l'eutrophisation côtière comme problème environnemental global », *VertigO H.S* 33, https://journals.openedition.org/vertigo/29914

Loockwood Jeffrey, 2013 : *The infested mind ? Why Humans Fear, Loathe, and Love Insects,* Oxford, Oxford University Press.

Manceron Vanessa, 2022 : *Les veilleurs du vivant. Avec les naturalistes amateurs*, Paris, Les empêcheurs de penser en rond-La Découverte.

Misof Bernhard, Liu Shanlin, Meusemann Karen, Peters Ralph, Donath Alexander, Mayer Christoph, Frandsen Paul et al., 2014 : « Phylogenomics Resolves the Timing and Pattern of Insect Evolution », *Science* 346(6210), 763-767.

Myers Norman, Mittermeier Russell, Mittermeier Cristina, Da Fonseca Gustavo, Kent Jennifer, 2000 : « Biodiversity Hotspots for Conservation Priorities », *Nature* 403(6772), 853-858.

Noucher Matthieu, Hirt Irène et Arnauld de Sartre Xavier, 2019 : « Mises en chiffres, mises en cartes, mises en ordre du monde », *EspacesTemps.net.*

Poulin Brigitte, Lefebvre Gaétan et Paz Leire, 2010 : « Red flag for green spray : adverse trophic effects of Bti on breeding birds », *Journal of Applied Ecology* 47(4), 884-889.

Raffles Hugh, 2016 : *Insectopedie*, Marseille, Wildproject.

Rodriguez Laura, Devictor Vincent et Maris Virginie, 2018 : « L'articulation entre savoirs et actions dans trois dispositifs environnementaux : conservation, évaluation d'impact et restauration », *VertigO* 18(2).

Rothenberg David, 2014 : *Bug Music : How Insects Gave Us Rhythm and Noise*, New York, Picador.

Salomon Cavin Joëlle, 2022 : *Indésirables !? Les animaux mal-aimés de la ville*, Lausanne, B41.

Sánchez-Bayo Francisco et Wyckhuys Kris, 2019 : « Worldwide Decline of the Entomofauna: A Review of Its Drivers », *Biological Conservation* 232, 8-27.

Shaw Ian, Robbins Paul et Jones John, 2010 : « A Bug's Life and the Spatial Ontologies of Mosquito Management », *Annals of the Association of American Geographers* 100(2), 373-392.

Talty Stephan, 2010 : *The Illustrious Dead : The Terrifying Story of How Typhus Killed Napoleon's Greatest Army*, New York, Broadway Books.

Van Klink Roel, August Tom, Bas Yves, Bodesheim Paul, Bonn Aletta, Fossøy Frode, Høye Toke et al., 2022 : « Emerging technologies revolutionise insect ecology and Monitoring », *Trends in Ecology & Evolution* 37(10), 872-885.

Wagner David M., Klunk Jennifer, Harbeck Michaela, Devault Alison, Waglechner Nicholas, Sahl Jason W., Jacob Enk et al., 2014 : « Yersinia Pestis and the Plague of Justinian 541-543 AD : A Genomic Analysis », *The Lancet Infectious Diseases* 14(4), 319-326.

Witté Isabelle, Touroult Julien, 2014 : « Répartition de la biodiversité en France métropolitaine : une synthèse des Atlas faunistiques », *VertigO* 14(1), https://journals.openedition.org/vertigo/14645

Lives and Deaths of Insects, contemporary Management of Entomofauna

A survey of entomofauna and land management stakeholders in the Montpellier metropolitan area has tested the hypothesis of a transformation in thinking and practices towards insects in relation to ecological issues. Our results show a wide disparity in the values and practices among managers, depending on insects and territories (from domestic space to natural areas), but confirm a slow greening of management practices that are shaping environments in a variety of ways.

Keywords*: insects, management modes, practices and representations, entomofauna, spaces of action, artificialization.*

Leben und Tod von Insekten, Zeitgemässes Management der Entomofauna

Im erweiterten Stadtgebiet von Montpellier wurden bei Personen, die sich mit dem Management der Insektenfauna beschäftigen, Umfragen durchgeführt. Es konnte die Hypothese einer Veränderung der Praktiken und Vorstellungen der Insektenfauna in Verbindung mit ökologischen Herausforderungen infrage gestellt werden. Unsere Ergebnisse zeigen große Unterschiede in den Werten und Handlungen je nach den betroffenen Insektengruppen und den städtischen Gebieten (vom häuslichen Bereich bis zu naturnahen Gebieten). Sie bestätigen aber unsere Hypothese einer langsamen Veränderung der Managementpraktiken.

Stichworte*: Insekten, Managementpraktiken, Praktiken und Vorstellungen, Umgebungen, Urbanisierung, Artifizialisierung.*

L'HUMAIN ET LE GOÉLAND EN VILLE : QUAND DES INTERACTIONS MODIFIENT LES PRATIQUES ET LES REPRÉSENTATIONS DES CITADINS VIS-À-VIS DE L'OISEAU

MATILINE PAULET, chercheuse associée au laboratoire Géoarchitecture (EA 7462) Territoires, Urbanisation, Biodiversité, Environnement, cheffe de projets à Sociotopie, **matiline.paulet@sociotopie.fr, mati.paulet@hotmail.fr**
MAYA LECLERCQ, fondatrice de Sociotopie, postdoctorante au Centre IRD de Nouméa, UMR Espace DEV 228, **maya.leclercq.ml@gmail.com**[1]

RÉSUMÉ

En France, les goélands commencent à nicher en milieu urbain dans les années 1970. Quelques décennies plus tard, les municipalités mettent en place des campagnes de stérilisation des œufs pour contrôler le nombre de goélands en ville. L'article s'intéresse à la manière dont des citadins s'adaptent à la présence de l'oiseau et interagissent avec lui dans le cas des villes de Lorient et de Sète, en décrivant les pratiques, les interactions et les perceptions vis-à-vis du goéland. Qu'il s'agisse de lutter contre la présence animale ou au contraire d'entretenir des relations privilégiées avec lui, l'article révèle que la rencontre avec le goéland fait évoluer les représentations et les rapports du citadin à l'animal.

***Mots-clés** : goéland, cohabitation, ville, interaction, évolution.*

[1] Matiline Paulet : réalisation de la thèse, production du matériau scientifique et rédaction de l'article.
Maya Leclercq : relecture de l'article et appui scientifique.

DOI : 10.33055/GEOREGARDS.2023.016.109

Introduction

Les Goélands argentés et leucophées (*Larus argentatus, Larus michahellis*) sont des oiseaux présents en France dès le XIXe siècle. Oiseau d'abord chassé par les habitants du littoral, sa population augmente rapidement au début du XXe siècle, du fait de ressources alimentaires abondantes d'origine anthropique et de la protection de l'espèce par l'État[2]. Dans les années 1960, les goélands colonisent de nouveaux espaces naturels littoraux, empêchant certaines autres colonies d'oiseaux de nicher dans leur habituel site de reproduction (sternes [*Sterna dougallii ; Sterna hirundo*], Mouette mélanocéphale [*Ichthyaetus melanocephalus*], etc.) (Camberlein, Floté, 1979 ; Thomas, Monnat, 1980). Quelques années plus tard, les goélands commencent à nicher dans les villes littorales, d'abord en Bretagne dans les communes de Saint-Malo et de Morlaix, puis un peu plus tard dans le sud de la France dans les villes de Menton ou de Martigues (Cadiou et al., 1997). Rapidement, des citadins se plaignent de la présence de ces oiseaux sauvages, désormais protégés, près de leur lieu de vie. Les premières plaintes ont été constatées en 1982 dans la ville du Havre en Normandie (Beaudeau et al., 1986). À Marseille, elles sont rapportées dès 1995 (Gramaglia, 2010). Dans les années 1990, les municipalités mettent en place des dispositifs de gestion afin de contrôler le nombre de goélands en ville. La méthode la plus utilisée est la stérilisation des œufs qui consiste à mettre un produit à base d'huile végétale sur les œufs afin d'empêcher l'éclosion. Aujourd'hui, plus d'une centaine de villes françaises (dont certaines éloignées du littoral) sont ainsi concernées par la nidification des goélands sur les toits ; les oiseaux ne cessent de s'adapter au nouvel environnement urbain. Ils ont modifié leurs comportements alimentaires et reproducteurs afin de s'ajuster aux rythmes et aux modes de vie des citadins (Vincent, 1994 ; Cadiou et al., 2019 ; Goumas et al., 2020 ; Mendez et al., 2020 ; Pais de Faria et al., 2021 ; Spelt et al., 2021 ; Dalla Pria et al., 2022). En outre, les conflits entre les citadins et les oiseaux sont toujours d'actualité (Savalois, 2012 ; Paulet, 2020). Bien que des habitants apprécient, voire défendent la présence de l'animal dans l'espace urbain, le goéland se confronte également à des habitants qui développent de nombreuses stratégies pour empêcher son installation sur leur toit. L'oiseau, en retour, s'adapte, ajuste ses comportements aux stratégies déployées des citadins ; l'humain et l'oiseau font l'expérience du vivre-ensemble.

Une approche interactionnelle des liens entre les habitants et les goélands en ville

L'article s'intéresse à la manière dont des habitants cohabitent avec le goéland en ville, en décrivant leurs interactions et pratiques vis-à-vis de l'oiseau. Il s'agit de saisir la manière dont est gérée cette proximité, dans le quotidien, et de comprendre comment la rencontre avec l'oiseau transforme les pratiques et comportements de

[2] À l'échelle européenne, seul le Goéland argenté est concerné par la Directive « Oiseaux ». À l'échelle nationale, l'arrêté du 29 octobre 2009 fixe la liste des oiseaux protégés sur l'ensemble du territoire et les modalités de leur protection. Le Goéland argenté et le Goéland leucophée sont mentionnés dans l'article 3 (République française. Légifrance Le service public de la diffusion du droit [en ligne]. Consulté le 18 février 2018 sur : https://www.legifrance.gouv.fr/).

l'habitant. Des études ont montré que les relations entre les citadins et les goélands en ville sont nombreuses et prennent de multiples formes, allant du rejet à l'empathie, en passant par l'indifférence et la sympathie envers l'animal (Savalois, 2012 ; Paulet, 2020). Dans cet article, nous nous intéressons particulièrement aux interactions directes entre le citadin et l'oiseau, c'est-à-dire dans lesquelles l'habitant et l'oiseau interagissent, entrent en contact l'un et l'autre et dans lesquelles l'habitant entretient une expérience sensible et intime avec l'animal. Nous traiterons des questions suivantes. Que ressentent les habitants face à la présence du goéland à côté de chez eux ? Quelle distance entretiennent-ils avec l'oiseau ? Comment s'ajustent-ils aux comportements du goéland ? Comment évolue leur représentation du goéland depuis que ce dernier s'est installé en ville ? Dans quelle(s) mesure(s) et de quelle(s) manière(s) les pratiques et représentations des citadins sont transformées par cette rencontre avec l'oiseau ? Comment les interactions et l'apprentissage de l'oiseau par les citadins façonnent-ils des modes de cohabitation et des formes de vivre différentes avec l'animal en ville ?

L'article[3] s'inscrit principalement dans le champ de l'anthropologie de l'environnement (Dalla Bernadina, 1991, 1993 ; Bobbé, 2004a, 2004b ; Descola, 2005 ; Manceron, 2015, 2016, 2022) et dans les questionnements actuels concernant les relations entre les humains et la nature, et sur la manière d'intégrer la faune sauvage en ville, notamment dans un contexte de crise climatique où il existe un besoin urgent de repenser les relations aux non-humains (Zask, 2020, 2022 ; Descola, Pignocchi, 2022 ; Martin, 2022). Il s'inspire également des travaux des philosophes Vinciane Despret (2014, 2019) et Donna Haraway (2020), qui développent une approche interactionnelle des relations entre les humains et non-humains. Autrement dit, ces auteurs s'intéressent à la manière dont les humains se lient aux non-humains et à la façon dont les humains sont affectés par ces rencontres, à l'épaisseur et à la dynamique de ces liens ainsi qu'aux dimensions affectives, cognitives et politiques de ces relations. Ces approches offrent la possibilité d'observer le monde différemment : « *Le monde à décrire n'est* [alors] *plus un construit d'humain, mais un milieu où des êtres différents sont engagés corporellement et mentalement dans une pratique* » (Manceron, 2016 : 292). Le goéland est alors envisagé comme un acteur à part entière de la relation avec l'humain, ce qui rejoint la théorie de l'acteur réseau, développée par Bruno Latour et les sociologues Michel Callon et Madeleine Akrich dans les années 1980 (Akrich et al., 2006 ; Latour, 1989, 1997). Le goéland est ainsi considéré comme un « actant », une « entité capable d'agir » mais également une entité qui fait agir les acteurs humains (Latour, 1997).

Ainsi, à travers l'exemple du goéland, l'article souhaite apporter de nouveaux éléments de compréhension et de réflexion sur la manière dont les humains se lient aux non-humains en ville. Son originalité est également d'aborder les relations entre

[3] L'auteure principale de l'article a un parcours interdisciplinaire, entre sciences de l'environnement et sciences sociales, bien qu'elle ait ancré son travail de thèse en sciences sociales. Son parcours universitaire est marqué par une licence de biologie à l'Université de Rennes 1 et un master d'anthropologie de l'environnement au Muséum national d'histoire naturelle de Paris. Elle a ensuite réalisé un doctorat à l'Université de Bretagne occidentale (UBO) au laboratoire Géoarchitecture de Brest, laboratoire interdisciplinaire associant les disciplines des sciences humaines et sociales aux disciplines de l'aménagement et de l'environnement.

les habitants et les goélands en ville, avec une dimension interactionnelle qui cherche à caractériser la manière dont les citadins sont affectés par cette présence de l'oiseau en ville et s'ajustent à ce dernier. À notre connaissance, il existe peu de recherches en sciences humaines et sociales portant sur la question des relations entre les goélands et les habitants en ville, et notamment peu de travaux avec cette approche interactionnelle. On peut citer l'étude de la sociologue Christelle Gramaglia (2002) qui s'est intéressée aux rapports entre les humains et le Goéland leucophée en Carmague et dans la région Languedoc-Roussillon. Elle a notamment étudié des lettres de plaintes de citadins et a interrogé des sauniers, des pêcheurs et des ornithologues. Il existe également la thèse de Nathalie Savalois (2012) qui aborde les relations entre les Goélands leucophée et les humains en milieu urbain, dans le cas de la ville de Marseille. Sa recherche s'intéresse particulièrement à la dynamique de ces relations et aux influences réciproques entre les humains et les oiseaux.

L'article s'appuie sur un travail de thèse portant sur les relations entre les citadins et les goélands dans les villes de Lorient et de Sète. Il s'agit d'une recherche en anthropologie de l'environnement mobilisant des concepts et travaux dans le domaine de l'écologie, de la géographie humaine et de la sociologie urbaine (Paulet, 2020). Elle s'inscrit dans la continuité de celle de Nathalie Savalois (2012) mais à la différence de cette dernière, elle interroge les liens entre les variables sociologiques, culturelles, géographiques et les discours et représentations des habitants, en s'intéressant notamment à la manière dont le traitement médiatique de la nidification urbaine des goélands influence le discours des habitants. En outre, les choix de terrain se distinguent : tandis que Nathalie Savalois a étudié les relations entre les humains et les goélands sur un terrain urbain et insulaire, l'auteure aborde ces mêmes relations dans deux villes, Lorient et Sète, présentant deux contextes urbains contrastés. L'intérêt de porter attention à des villes présentant des caractéristiques historiques, culturelles et urbanistiques relativement différentes est de mesurer la manière dont l'espace urbain, la géographie et les territoires sont susceptibles d'influencer les représentations des habitants. Néanmoins, bien que les villes de Lorient et Sète possèdent des caractéristiques historiques, culturelles et urbanistiques différentes, elles constituent deux territoires comparables par la taille de leur population, leurs caractéristiques socio-économiques, leur localisation près du littoral. Surtout, elles sont toutes les deux concernées par la nidification des goélands. Lorient compte la plus importante colonie de goélands (toutes espèces confondues) en France, soit entre 2 269 et 2 459 couples de goélands (Leicher et al., 2020), et a mis en place depuis 2001 des campagnes de stérilisation des œufs. Depuis 2014, en collaboration avec l'association Bretagne Vivante, la ville a également créé un Observatoire du goéland. Ce dernier répond à un double objectif : d'une part, sensibiliser à la présence des goélands dans la ville et la valoriser, et d'autre part, mener des études scientifiques sur les populations de goélands urbains (suivi, baguage, étude sur les comportements alimentaires…). Dans ce cadre, un espace réservé à la colonie de goélands a été créé sur le toit de la base sous-marine du port de commerce. Des visites à destination des élus, des habitants, des écoles et des touristes sont régulièrement organisées sur cet espace afin d'observer et de découvrir les goélands. Quant à Sète, elle est la première colonie urbaine de Goéland leucophée (*Larus michahellis*) en France, soit 462 à 556 couples, et les effectifs sétois représentent près de 23 % des effectifs à l'échelle départementale (Abolivier et al., 2019). Les autorités locales ont commencé à stériliser les œufs en 2009 mais, contrairement à Lorient, d'autres dispositifs pour contrôler le nombre de goélands en ville n'ont pas été mis en place.

Une enquête ethnologique de terrain de huit mois et une recherche dans la presse constituée d'articles parus entre 1840 et 1944 et entre 1960 et 2020 ont été réalisées dans les deux villes d'études. L'enquête de terrain a consisté à vivre le quotidien des citadins de Lorient et de Sète. Il s'agissait de s'immerger dans «l'environnement vécu» des citadins (Blanc, 2010: 176), d'être au plus près du quotidien des personnes étudiées et dans une situation d'interaction prolongée avec elles. La démarche s'inspire de celle de l'observation participante fondée sur l'insertion continue de l'enquêteur au sein du groupe étudié et un certain partage de sa vie quotidienne (Schwartz, 1993; Olivier de Sardan, 2000). Dans ce cadre, à Sète, l'auteure de la thèse a vécu chez une femme âgée d'une cinquantaine d'années, qui s'était plainte à la mairie d'un nid de goélands présent sur son toit. Elle a eu de nombreuses discussions avec elle à propos de la gêne qu'occasionnait le goéland, que ce soit lorsqu'elles se croisaient dans l'appartement ou lors de plusieurs repas partagés. À Lorient, elle a logé chez une personne âgée de quatre-vingt-quatre ans qui a vécu plus de la moitié de sa vie dans la région. Cette immersion s'est accompagnée d'observations du quotidien des habitants. Il s'agissait de saisir comment les habitants pratiquent l'espace urbain et quels en sont leurs usages (lieux de promenade, zones commerciales, lieux de socialisation où les habitants se retrouvent pour discuter, jouer…). Ce travail a permis d'observer les multiples interactions entre les habitants et les goélands.

Enfin, des entretiens semi-directifs ont été réalisés auprès de 80 habitants, soit 41 à Lorient et 39 à Sète[4]. La prise de contact avec les habitants a été facilitée par le temps long de l'enquête ethnologique qui a permis de créer des liens de confiance avec des personnes rencontrées dans des cafés, sur les quais des ports de pêche, dans les espaces publics… ou encore grâce aux deux femmes qui hébergeaient l'auteure de la thèse et qui ont pu mettre en lien cette dernière avec des amis ou voisins. L'appui des services municipaux des villes de Lorient et de Sète a également permis d'avoir les contacts de personnes qui avaient appelé la mairie suite à la présence d'un nid sur leur toit. Les entretiens commençaient par aborder l'expérience qu'avait eue l'habitant avec le goéland. Il s'agissait notamment de savoir s'il avait déjà eu un nid sur son toit. Les nuisances provoquées par l'oiseau en ville étaient souvent évoquées à ce moment de la discussion. La représentation et la connaissance des habitants sur le goéland étaient ensuite explorées. L'échange se terminait sur les dispositifs de gestion mis en place par la municipalité à l'encontre de l'animal et sollicitait leur opinion vis-à-vis de ces méthodes. Les entretiens ont duré entre une demi-heure et quatre heures et à l'exception d'un seul entretien, tous ont été enregistrés et intégralement retranscrits. Un travail de codage et d'analyse thématique a été ensuite réalisé afin de faire ressortir les principales représentations du goéland. Au-delà des opérations de codage, l'ensemble des 80 entretiens a été analysé à travers les champs lexicaux, le vocabulaire et les formulations employés par les habitants. Les logiques de discours, autrement dit, les argumentaires déployés et les enchaînements d'idées

[4] Les enquêtés représentent un groupe hétérogène composé de personnes aux profils sociologiques variés. Toutefois, quelques particularités se dessinent: ils sont une majorité d'hommes, ils ont pour la plupart entre quarante et cinquante ans ou entre soixante et soixante-dix ans.

opérées au cours de l'entretien pour défendre ou refuser la présence du goéland en ville, ont été également relevés. L'ensemble de ce travail a permis notamment de faire une typologie des relations entre les citadins et l'oiseau en ville et d'apporter des éléments afin de déterminer les facteurs influençant les représentations que se font les habitants des goélands.

L'article aborde dans un premier temps les liens qui se créent entre les citadins et les goélands lorsque ces derniers tentent de s'installer dans un espace où leur présence est perçue comme gênante. Dans un second temps, nous nous intéresserons à un autre type d'interaction dans laquelle l'habitant recherche un contact avec l'oiseau et où se développe une relation basée sur l'attachement et l'empathie. Nous verrons finalement que ces modes d'interaction conduisent parfois à transformer le regard que portent les citadins sur l'oiseau et sur leur environnement.

Graphique 1: Les différents profils d'habitants en fonction de leur relation et représentation vis-à-vis de l'oiseau (les zones blanches représentent des relations qui n'ont pas été étudiées dans le cadre de cet article) (Paulet, 2023)

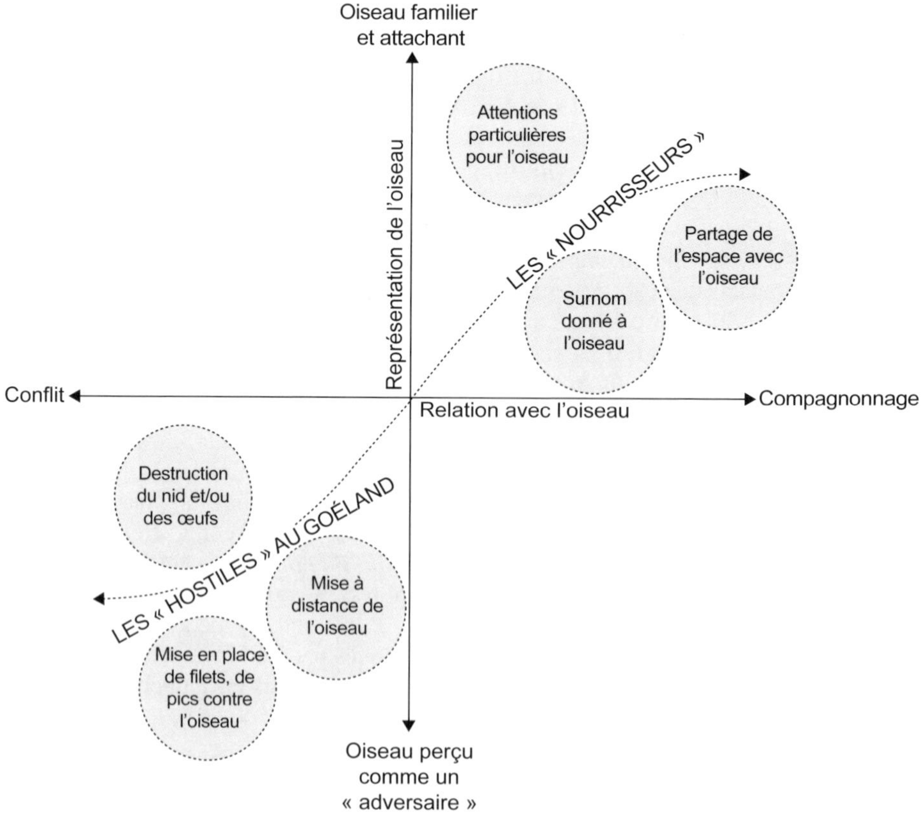

Des interactions allant du rejet à l'attachement et faisant émerger divers modes de cohabitation entre l'humain et l'oiseau en ville

Nous présenterons dans cette partie deux figures d'habitant, celui du citadin « hostile » au goéland qui n'apprécie pas la présence de l'oiseau en ville et celui du nourrisseur qui souhaite au contraire partager une expérience avec l'animal (graphique 1). Il faut cependant remarquer qu'il existe une continuité entre les deux figures de l'habitant, avec la présence de profils intermédiaires puisque les citadins ne sont pas répartis en deux catégories diamétralement opposées, mais se situent le long d'un gradient combinant plusieurs pratiques, représentations et niveaux d'interactions avec l'oiseau (graphique 1).

Comprendre, connaître et affronter le goéland

L'enquête de terrain a permis de rencontrer des habitants qui vivent avec difficulté la présence de l'oiseau en ville et qui ont du mal à s'adapter à cette récente arrivée de l'oiseau en milieu urbain. Ils font partie de ceux qui acceptent le moins bien l'évolution des comportements de l'oiseau et la plupart d'entre eux se sont plaints à la municipalité des nuisances occasionnées par le goéland.

Ils sont composés de trente-six personnes, majoritairement des hommes retraités originaires de la région dans laquelle ils ont été interrogés, issus de catégories socioprofessionnelles diverses.

Tableau 1 : Caractéristiques sociologiques des habitants interrogés qui n'apprécient pas la présence du goéland en ville

	Nombre d'enquêtés	Âge le plus représenté parmi les enquêtés	Sexe le plus représenté parmi les enquêtés	CSP les plus représentées parmi les enquêtés	Nombre de retraités parmi les enquêtés	Nombre d'enquêtés originaires de la région où ils ont été interrogés
Caractéristiques des enquêtés	36	Entre 40-50 ans et entre 60-70 ans	Homme (23 personnes)	Professions intermédiaires et professions intellectuelles supérieures	25	21

Ces habitants considèrent le goéland comme un animal qui vit exclusivement sur le bord de mer et l'apprécient uniquement lorsqu'ils l'aperçoivent dans cet espace. De ce fait, ils n'acceptent pas que l'oiseau quitte son milieu d'origine pour venir en milieu urbain puisque, de leur point de vue, l'animal doit rester sur la côte. En outre, ils n'approuvent pas le comportement alimentaire du goéland en ville qui consiste notamment à se nourrir de déchets alimentaires trouvés dans les poubelles ou dans la rue. Cet aspect du goéland les révulse, ils l'associent à la saleté et à la maladie. Le goéland leur apparaît également comme violent, brutal et « sans pitié »[5] lorsqu'il chasse des pigeons ou se nourrit dans les poubelles, particulièrement dans sa manière de se saisir de ses proies et/ou des déchets et de les consommer qui le renvoie aux vautours et rapaces. Plus largement, il développe en ville un comportement qui ne correspond pas à celui que les habitants attendent traditionnellement d'un goéland : il devient « fainéant », « irrespectueux », « incivique », « effronté » et « agressif », s'approchant de plus en plus de l'humain. Ces habitants estiment ainsi que le goéland perd son caractère originel de bel oiseau marin auquel ils étaient attachés. Résidant en dehors du bord de mer, le goéland renoncerait à son caractère d'origine, il est « dénaturé » dans le sens où il aurait perdu quelque chose de sa propre nature (Blanc, 1995 ; Savalois, 2012 ; Zask, 2020). En paraphrasant Jean-Jacques Rousseau et son concept du « bon sauvage », il dérogerait à sa nature de « bon goéland » et évoluerait, en ville, en « mauvais goéland ». Il rejoindrait le « sauvage incivique » défini par les anthropologues Sophie Bobbé (2004a, 2004b) et Nathalie Savalois (2012) : il a des comportements qui sortent des normes, non seulement celles que l'on attribue à la nature admirable et authentique que l'on rattache à la *Wilderness* (Nash, 1967), mais aussi celles qui concernent la société humaine, autrement dit, il adopte des mœurs incompatibles avec la société humaine.

De ces représentations du goéland découlent plusieurs pratiques. Certains de ces habitants décident d'agir pour empêcher l'oiseau de nicher sur leur toit. Ils le font en général sans l'aide de la municipalité car ils sont souvent déçus par les dispositifs mis en place par la mairie pour diminuer la présence de l'oiseau en ville. Ils expérimentent des dispositifs, les adaptent et les ajustent en fonction de leurs observations et résultats.

La lutte de l'habitant contre l'oiseau commence généralement par une recherche sur Internet pour se renseigner sur l'animal et pour prendre connaissance des différents dispositifs qui existent contre le goéland. Il s'agit de comprendre l'animal pour mieux savoir comment l'éloigner de chez eux. S'ils repèrent un nid sur leur toit et s'ils y ont accès, bien que la loi l'interdise, leur premier geste est de le détruire et/ou de casser les œufs. En retour, les goélands défendent leur territoire par des cris, des piqués et tentent à nouveau de nicher malgré les contraintes que leur impose l'habitant. Lorsque les poussins naissent, ils les protègent et, par leurs piqués, cherchent toujours à intimider l'habitant.

[5] Les expressions entre guillemets dans l'ensemble du texte correspondent aux termes utilisés par les habitants lors des entretiens.

Tableau 2 : Actions et dispositifs mis au point par des habitants contre les goélands

DISPOSITIF ACHETÉ/CONSTRUIT PAR L'HABITANT	**ACTION RÉALISÉE PAR LES HABITANTS**
– Lance-pierre – Girouette – Leurre (faux corbeaux, faux canards…) – Morceaux de verre – Pic anti-goéland – Miroir – Cédérom – Effaroucheur sonore – Poison	– Documentation/recherche d'informations sur Internet – Effarouchement par geste – Destruction du nid, des œufs – Tir au fusil

*Le tableau liste l'ensemble des dispositifs et/ou actions observés lors de l'enquête ethnologique de terrain et/ou recensés dans les discours des habitants.

Effrayés par l'oiseau, les habitants prennent des précautions lorsqu'ils réalisent ces opérations : ils mettent un casque, des gants et utilisent un parapluie ou un balai pour se protéger des piqués qu'effectuent les goélands à leur approche. Les premiers essais qui consistent à éparpiller le nid, à briser les œufs et à faire peur au goéland sont souvent infructueux, l'oiseau revenant faire son nid ou pondant à nouveau. Face à ces échecs, certains habitants décident de procéder autrement. Ils observent alors le comportement de l'oiseau autour de chez eux, les endroits où il va de préférence se poser, les heures où il est le plus présent et l'attitude de l'animal à leur égard. Dès lors, ils achètent et/ou bricolent eux-mêmes des systèmes sur mesure qui sont censés empêcher le goéland de se poser sur leur toit et d'y faire leur nid : cédérom, miroir, leurre, filet, pic ou grilles de frigo installés à des endroits bien précis sur leur toit ou leur terrasse (figures 1 et 2, tableau 2). D'autres encore, conseillés par des amis, achètent des effarouchements sonores ou des lance-pierres afin de faire peur aux oiseaux.

Certains habitants affrontent également directement l'animal. Jacques[6], retraité, installé à Sète dans sa résidence secondaire depuis cinq ans, a tenté de mettre en place de nombreux dispositifs contre l'oiseau que ce soit la destruction du nid, des œufs, l'achat de filets et de pics pour finir par lui faire face directement (figure 1, figure 2) :

> « *Moi, j'ai fait ce que j'ai pu pour pourrir la vie des goélands et pour qu'ils ne refassent pas le nid ici.* […] *Moi, le goéland quand il m'attaque ou quand je vais le voir au nid, je le chasse. Je lui fonce dessus, c'est-à-dire que c'est moi qui lui fonce dessus et donc quand il s'avance vers moi, je m'avance vers lui et c'est*

[6] Par souci de confidentialité, un prénom fictif est associé à toutes les personnes interrogées dans le cadre de l'enquête ethnologique de terrain.

lui qui recule alors. Je sais qu'il faut faire comme ça maintenant, mais ça, au début, je ne savais pas. Maintenant, c'est moi qui fonce sur les goélands et plus l'inverse. » (Entretien, Sète, le 11 avril 2018)

Jacques a appris à connaître l'animal. Il avait peu de connaissances sur les goélands avant que l'un d'entre eux ne s'installe sur sa terrasse alors qu'aujourd'hui il déclare : « *J'en ai appris beaucoup évidemment vu que je cohabite ici avec le goéland... je sais beaucoup de choses sur eux* [...] *j'ai appris ça ici, oui, puisque évidemment, je les ai vus naître, je les ai vus grandir.* » (Entretien, Sète, le 11 avril 2018). Des personnes membres de la Ligue pour la protection des oiseaux (LPO) Hérault l'ayant aidé pour tenter de déplacer le nid et les poussins de sa terrasse, il a pu leur poser des questions et se renseigner sur l'animal. Il peut désormais décrire en partie le régime alimentaire et le comportement reproducteur de l'oiseau, et est capable d'identifier les différentes espèces de goéland bien qu'il ne connaisse pas les noms scientifiques, rapportant notamment qu'il ne confond plus les jeunes goélands immatures avec les adultes comme c'était le cas auparavant. Il affirme même reconnaître le goéland qui vient nicher chez lui chaque année. Sa proximité avec l'oiseau et les différentes expériences qu'il a pu avoir avec ce dernier lui ont permis d'acquérir des connaissances spécifiques sur les goélands bien que la présence de ces derniers sur sa terrasse ne soit pas désirée. Comme le précédent extrait d'entretien l'exprime, Jacques a aujourd'hui moins peur du goéland. Cependant, après ses nombreux essais et échecs pour tenter d'empêcher l'oiseau de nicher sur sa terrasse, il a choisi de laisser le goéland faire son nid puisque l'oiseau le fait désormais plus loin, au fond de sa terrasse, ce qui le gêne moins. Il a finalement choisi d'accepter sa présence car « *je ne peux pas l'empêcher complètement de faire le nid, mais qu'il le fasse le plus loin possible.* » (Entretien, Sète, le 11 avril 2018). Un partage de l'espace a donc été possible entre lui et l'oiseau : l'oiseau peut s'installer sur sa terrasse tant que ce dernier garde une certaine distance avec lui, tant qu'il reste dans un espace non lié à la rencontre, une zone où la présence de l'animal est plus lâche et acceptable (Ginn, 2014). Dans ces conditions, Jacques peut vivre côte à côte de l'animal sans se sentir gêné par la présence de ce dernier. Ce compromis dévoile comment Jacques reconnaît les limites de sa capacité à plier l'animal et l'espace à sa volonté et comment il reconnaît finalement le goéland dans son individualité, en tant qu'autre, une altérité qui agit et qui peut lui résister (Ginn, 2014).

François, a au contraire choisi de ne pas partager l'espace avec le goéland et tente coûte que coûte d'éliminer l'animal. Né dans la région et installé à Sète avec son épouse depuis 2009, enseignant dans un lycée, également déçu par les actions mises en place par la municipalité pour réduire le nombre de goélands en ville, il a d'abord essayé quelques dispositifs inoffensifs pour le goéland (pics, filets...) qui sont restés sans succès, et s'est ensuite décidé à mettre de la mort-aux-rats dans le nid qu'il avait sur son toit :

> « *Quand j'ai vu qu'ils* [les services de la mairie] *ne faisaient rien, ne pouvaient rien faire (il cherche ses mots) bon on a subi le nid et j'ai fait des tentatives pour les chasser, même en les empoisonnant (silence) mais rien à faire (silence) j'ai pourtant utilisé les boulettes avec la mort-aux-rats et toutes les recettes possibles imaginables* [...] *Ils ont mangé la mort-aux-rats et rien* [...] *Oui, oui, j'ai trouvé les sachets vides et tout. On m'avait pourtant dit : "ça va être radical !"* » (Entretien, Sète, le 23 avril 2018).

Figure 1 : Un goéland nichant sur une terrasse à Sète malgré l'installation de pics (Paulet, 2018).

Figure 2 : Un filet installé contre les goélands sur une terrasse à Sète (Paulet, 2018).

Au contraire du discours précédent, ses paroles n'expriment pas une nécessité de vivre avec le goéland. L'oiseau représente plutôt un adversaire à combattre et à « éliminer » d'un espace qu'il considère comme le sien. Comme Jacques au début de sa rencontre avec le goéland, François se sent en droit de se défendre et/ou de s'attaquer directement à l'animal. Afin de mieux comprendre l'attitude de ces deux habitants vis-à-vis du goéland, on peut s'appuyer sur les travaux de l'anthropologue Sergio Dalla Bernadina (1991, 1993) qui s'est intéressé à la relation entre les chasseurs et leur proie. Comme Sergio Dalla Bernadina l'explique à propos des chasseurs, Jacques et François repoussent ici le statut symbolique de l'oiseau du côté de l'altérité. Le goéland devient sujet, il est personnifié et anthropomorphisé pour devenir un noble rival de l'humain. La manière dont ils se défendent du goéland s'apparente à celle du chasseur qui traque sa proie, elle « *révèle son caractère d'activité projective, séquence en deux temps qui prévoit une phase "anthropomorphisante" (la bête, idéalisée et convoitée, est élevée au rang de "personne") et une phase "ré-animalisante" (l'abaissement, la dégradation)* » (Dalla Bernadina, 1991 : 42). Sur le plan fantasmatique, elle correspond à « *un processus de transformation de la proie/personne en une proie/chose* » (Dalla Bernadina, 1991 : 35). Le double statut du goéland, à la fois personne et chose, autorise Jacques et François à s'attaquer à l'animal. Cette rhétorique qui sous-tend leurs discours fonde leur légitimité et vaut comme une justification de leur action contre l'animal (Dalla Bernadina, 1991, 1993).

Une recherche de partage avec l'oiseau à travers un nourrissage quotidien

À Sète et à Lorient, certaines personnes ont pris l'habitude de nourrir un goéland presque chaque jour (tableau 3). Comme l'avaient constaté l'anthropologue Paul-Louis Colon et le géographe Nicolas Lequarré (2013) à propos des nourrisseurs de pigeons, les nourrisseurs ne constituent pas un groupe homogène à l'instar de quatre cas analysés. Au contraire des nourrisseurs décrits dans la littérature scientifique, leur pratique de nourrissage n'est pas spécialement cachée et même souvent connue de leur entourage, qui apporte à l'occasion de la nourriture pour le goéland.

Le nourrissage a souvent commencé par hasard, puisque c'est plus l'oiseau qui s'est imposé à l'humain et qui a induit ce comportement de nourrissage que l'inverse. En effet, les études scientifiques ainsi que nos observations montrent que le goéland repère facilement les sources de nourriture quotidienne en ville et il est capable de reconnaître un habitant qui a déjà l'habitude de nourrir des oiseaux dans son jardin ou à côté de chez lui ou encore qui laisse la gamelle de son animal de compagnie à l'extérieur de chez lui, dans son jardin ou sa terrasse (Savalois, 2012 ; Cadiou et al., 2019 ; Paulet, 2020). Il vient alors une première fois profiter de cette source de nourriture, puis revient ensuite plusieurs fois jusqu'à ce que sa présence devienne normale et appréciée par l'habitant. Ce dernier, d'abord réticent et prudent à nourrir le goéland, va s'habituer, va se « *prendre au jeu* » comme certains nourrisseurs l'ont dit, et continuer à le nourrir. Au fur et à mesure, l'habitant se familiarise avec l'oiseau, parfois lui donnant un surnom comme Arthur, Cocoq, Jonathan, Laurent, Jezebel, Georginot, etc., et apprend à connaître ses comportements et son mode de vie. La relation devient de plus en plus intime et personnelle, comme l'évoque Charlotte :

> « *Je me suis attachée à elle* [le goéland] *parce que justement c'est un oiseau que je ne connaissais pas et que j'ai appris à connaître avec elle. Je lui mets la main, je lui porte à manger et elle se laisse approcher.* » (Entretien, Sète, le 19 avril 2018)

Les nourrisseurs se sentent proches de l'oiseau et anthropomorphisent régulièrement son comportement. Par ce rapprochement entre l'animal et eux-mêmes, il ne s'agit pas tout à fait de « *s'identifier, mais de prêter à la nature des vertus imaginaires ou réelles, qui rendent sa fréquentation, et la relation établie avec elle, nécessaire, voire providentielle* » (Blanc, 2013 : 134). En effet, comme le montre le précédent extrait d'entretien, Charlotte pense que son goéland est une femelle à cause de ses formes plus rondes et de son comportement. Elle a également expliqué que chaque année « Jezebel » lui amène son poussin pour le lui présenter, attitude de l'oiseau qu'elle associe à celle d'une mère.

Les nourrisseurs ont généralement des attentions particulières pour le goéland. Certains prennent soin de couper en petits morceaux la nourriture en espérant lui faciliter l'absorption ; d'autres ont appris à reconnaître les aliments que l'animal préfère et lui mettent parfois de côté, voire lui achètent spécialement certains produits. L'un d'entre eux a par exemple repéré que le goéland qu'il nourrit adore le pain sans croûte et lui en offre à l'occasion.

En outre, les nourrisseurs individualisent le goéland qu'ils nourrissent et savent le distinguer parmi les autres individus de son espèce. Ils lui reconnaissent des habitudes, des comportements et lui attribuent des caractères propres. Charlotte est capable d'identifier le cri de l'oiseau parmi d'autres. Jean pense qu'il a un bec plus foncé et plus petit que ceux de son espèce. Matthieu a une astuce pour le reconnaître dans un groupe de goélands : il agite les bras pour faire peur aux oiseaux, le goéland qui ne s'envole pas et qui n'est pas effrayé correspond à celui qu'il nourrit.

Le rapport intime qu'entretient le nourrisseur avec son goéland peut être très fort, se transformant parfois en quasi-dépendance. C'est le cas de Matthieu, rencontré dans un café près du port de pêche de Lorient, avec qui l'auteure de la thèse a souvent discuté et échangé à propos de sa vie et du goéland qu'il nourrit. Divorcé et âgé d'une soixantaine d'années, il vit seul dans un petit studio situé sur l'avenue de la Perrière à proximité du port, il a arrêté de travailler depuis plusieurs années à cause de graves problèmes de santé. Depuis 2016, il nourrit presque tous les jours un goéland qu'il a surnommé Georginot. Il a plusieurs fois montré des photos de l'oiseau, prises avec son téléphone portable. C'est l'une d'elles qu'il a mise en fond d'écran et qu'il est fier de présenter à ceux qui connaissent Georginot. Ce dernier est pour lui « *un ami* », un compagnon de tous les jours, il est le seul être vivant qu'il côtoie et qu'il accepte de laisser rentrer chez lui. L'animal, par sa présence quotidienne, tient une place importante dans la vie de Matthieu. Plusieurs fois, sur un ton humoristique, il a dit : « *Sans lui, qu'est-ce que je deviendrais ?* » ou encore « *Je vais bien tant que mon Georginot est là.* »

Lorsque l'oiseau ne vient pas pendant plusieurs jours, Matthieu, comme d'autres nourrisseurs rencontrés, s'inquiète, se sentant responsable de son sort. Le possible départ de l'oiseau est vécu comme un abandon, provoquant chagrin et déception. D'autres nourrisseurs évoquent le « *manque* », le « *vide* » si l'oiseau ne vient plus les voir.

Tableau 3 : Quelques caractéristiques sociologiques des nourrisseurs rencontrés

Âge	Jean 56	Charlotte 47	Jacques 69	Matthieu 65
Situation familiale et sociale	Vit en couple Artiste peintre	Vit chez son père Métier non renseigné	Vit seul Retraité et ancien biologiste travaillant dans des zoos	Vit seul Retraité et ancien électricien
Originaire de la région où nous l'avons interrogé	Oui	Oui	Oui	Oui
Nombre d'années vécues dans la ville	40	40 (mais seulement depuis 3 ans dans son logement actuel)	Non renseigné	10

Par ailleurs, si les nourrisseurs apprécient leur goéland c'est en tant qu'individu : ils sont attachés à un oiseau et non à l'espèce en général. Cette dernière les laisse parfois indifférents comme le souligne Matthieu : « *Moi je m'en fous des goélands, à part mon Georginot.* » (Entretien, Lorient, le 21 février 2018). L'espèce est même parfois l'objet de critiques, les goélands étant jugés trop nombreux en ville, agressifs et gênants. Cet intérêt pour l'individu se distingue des résultats de l'enquête de la biologiste Jacqueline Weber et de ses collègues (1994) concernant les nourrisseurs de pigeons, qui décrivent des personnes plus intéressées par l'acte de nourrir que par les oiseaux en eux-mêmes. Paul-Louis Colon et Nicolas Lequarré (2013) ont fait la même observation. Les nourrisseurs prennent en charge un groupe de pigeons mais les oiseaux ne sont ni individualisés ni nommés. À l'inverse, les habitants rencontrés (à l'exception de Jacques) ne nourrissent qu'un goéland et lui ont tous choisi un prénom. Ils ont expliqué qu'ils n'accepteraient pas de donner à manger à d'autres individus de l'espèce. L'une des raisons de cette attitude des nourrisseurs est probablement que ce n'est pas le goéland en tant qu'oiseau, groupe et/ou espèce qu'il incarne lorsqu'il vient voir l'habitant mais le goéland en tant que compagnon et/ou protégé. La relation entre le nourrisseur et l'oiseau est personnelle et engage un face-à-face entre deux individus, entre un humain et un oiseau. L'animal n'est pas un élément interchangeable et générique de l'environnement mais il est individualisé. Cette individualité s'est construite grâce à un compagnonnage quotidien construit sur la durée (Blanc, 2010).

CONCLUSION

Les habitants rencontrés entretiennent une expérience sensible et intime avec les goélands puisqu'ils les ont vus de près, les ont parfois touchés et les fréquentent régulièrement (graphique 1). Dans ces interactions directes, les goélands et les humains interagissent et se répondent. Dans le premier cas, que ce soit l'humain ou l'animal, ils agissent l'un contre l'autre, s'affrontent et tentent de s'imposer afin de s'approprier l'espace. Dans ces affrontements, la distance entre l'humain et l'animal se rétrécit et les deux corps sont engagés, chacun entrant dans la sphère intime de l'autre. L'habitant éprouve la force et la détermination du goéland en même temps qu'il ressent de la peur, de l'effroi face au physique imposant de l'oiseau et à son bec pointu. Dans le second cas, le goéland impose sa présence à l'habitant, faisant naître une relation intime entre l'animal et l'humain. Le citadin en offrant chaque jour de la nourriture à l'oiseau amène ce dernier à revenir quasiment chaque jour lui rendre visite, favorisant ainsi une relation de compagnonnage. L'humain et l'oiseau partagent alors un intérêt commun : le premier retire du plaisir et du lien social, le second profite d'une nourriture régulière et abondante dans le temps. Que ce soit dans l'affrontement ou dans le nourrissage, les humains sont transformés par la rencontre avec l'oiseau, plus exactement, leurs représentations de l'animal évoluent ainsi que leurs connaissances de ce dernier. Ils développent un savoir spécifique sur les goélands et acquièrent des connaissances sur le comportement alimentaire et reproducteur de l'oiseau. À l'instar de Matthieu ou de Charlotte, la plupart des citadins rencontrés reconnaissent le goéland dans son individualité. Chez les nourrisseurs, c'est plus particulièrement la vulnérabilité et la fragilité de l'animal qui sont reconnues. L'animal peut également être perçu comme un adversaire, un « noble rival » auquel le citadin est en droit de s'attaquer, le goéland devenant ainsi sujet, une altérité qui agit et qui résiste. La reconnaissance de l'animal dans son individualité peut également amener l'habitant à changer sa pratique avec l'oiseau, à adopter de nouveaux comportements avec lui, comme Jacques qui accepte finalement de partager une partie de sa terrasse avec lui. Dans ce dernier cas, la rencontre avec l'oiseau fait évoluer l'habitant dans sa manière de percevoir son environnement quotidien, la terrasse de Jacques devenant un espace partageable, une zone où la présence de l'animal est acceptable. Les habitants apprennent ainsi à connaître l'animal, à gérer sa présence dans l'espace urbain et développent différents régimes d'attention (DESPRET, 2019) et modes de cohabitation vis-à-vis de l'oiseau. Ils font l'expérience du vivre-ensemble avec un non-humain, et en retour, sont transformés par cette rencontre, dans le sens où leur rapport à l'animal ainsi que leur représentation de ce dernier et de leur environnement évoluent.

Ces interactions plurielles et complexes entre les goélands et les citadins et la manière dont elles affectent ces derniers sont rarement considérées par les pouvoirs publics lorsqu'il s'agit de gérer la présence du goéland en ville. Aujourd'hui, la stérilisation des œufs reste la méthode la plus utilisée par les municipalités alors que les scientifiques et ornithologues s'accordent sur l'inefficacité du dispositif (PAULET, 2021). Aussi, la prise en compte de ces interactions et de ces différents modes de cohabitation pourrait permettre de construire et dessiner de nouvelles politiques publiques, différentes de celle mise en place jusqu'à aujourd'hui, qui auraient moins l'objectif de réduire le nombre de goélands en ville que de développer des conditions pour une relation apaisée entre les goélands et les citadins, ceci est d'autant plus important que les milieux urbains pourraient devenir les principaux sites de nidification des goélands dans les prochaines décennies et les municipalités se verraient alors en charge d'une nouvelle responsabilité vis-à-vis de la sauvegarde de l'espèce[7] (Cadiou et al., 2019). Face à ce changement dans la dynamique écologique de l'oiseau, des municipalités françaises ont déjà mis en place des dispositifs originaux permettant de favoriser l'apprentissage de la cohabitation en ville, tout en tentant de prendre en compte la pluralité des relations entre les goélands et les citadins, comme c'est le cas de la ville de Lorient avec la création de l'Observatoire du goéland. On peut également citer la ville de Granville en Normandie, qui après avoir réalisé sans grand succès des campagnes de stérilisation des œufs pendant plusieurs années, souhaite désormais se tourner vers un autre type de gestion des goélands en ville. Elle cherche aujourd'hui à faire cohabiter les citadins et les goélands plutôt que de réduire la présence des oiseaux de la ville comme c'était le cas dans le passé. En s'inspirant de l'expérience de la ville de Lorient et à la suite de divers échanges avec des experts sur la question, elle a ainsi créé un comité citoyen chargé de réfléchir à la manière de faire coexister intelligemment l'humain et le goéland en ville.

Néanmoins, la prise en compte par les pouvoirs publics des différents modes de cohabitation entre les citadins et les goélands pourrait aller encore plus loin. Les habitants rencontrés dans le cadre de la thèse se mobilisent individuellement pour éloigner ou accueillir la présence de l'oiseau près de leur domicile. Ils ne se connaissent pas, ne se fréquentent pas et/ou ne tentent pas de faire entendre leur point de vue au-delà de leur espace domestique. La nidification du goéland dans l'espace urbain et les problématiques qu'elle entraîne ne donnent pas lieu directement à une forme de politisation des citadins, à l'exception des personnes qui jugent que la société occidentale de surconsommation et de gaspillage, créatrice de déchets, est responsable de la présence des goélands en milieu urbain. Pour autant, les pouvoirs publics pourraient s'inspirer des stratégies et/ou dispositifs mis en place par les personnes qui tentent d'éloigner les oiseaux de leur domicile en vue de les développer et/ou de les généraliser. Certains citadins seraient en mesure de devenir « ambassadeurs » afin de témoigner de leur expérience et de conseiller d'autres habitants susceptibles d'être dans le même cas qu'eux. Par ailleurs, des espaces pourraient être spécialement conçus pour la nidification des goélands dans les villes comme c'est le cas avec l'Observatoire du goéland à Lorient. En s'inspirant de l'exemple du pigeonnier, des espaces pourraient être également prévus spécifiquement pour la rencontre entre les goélands et les humains. Ces espaces, réservés aux oiseaux, seraient situés dans des zones urbaines où la présence de ces derniers ne serait pas susceptible de gêner les activités humaines et le quotidien des habitants. Cette manière d'envisager l'animal permettrait de dessiner des villes moins normatives et plus vivantes basées sur la dimension relationnelle, et qui transgresseraient les normes d'espace et d'usage habituellement à l'œuvre dans la conception des espaces urbains (Bonny, Mosconi, 2023 ; Ruddick et al., 2023).

[7] Bien que l'effectif des goélands augmente dans les villes, les études scientifiques révèlent que l'effectif global en France diminue depuis les années 1980, et ce particulièrement dans les milieux naturels. Les goélands se portent ainsi désormais mieux en ville que dans leur milieu d'origine (Abolivier et al., 2019 ; Cadiou et al., 2019).

BIBLIOGRAPHIE

ABOLIVIER Lucie, CADIOU Bernard, LEICHER Marine, PAULET Matiline et DEYME Barbara, 2019: «Les dynamiques de populations des Goélands argentés et leucophées en France Évolution des effectifs sur les territoires de l'étude: Régions Bretagne et Languedoc-Roussillon, Villes de Lorient et de Sète», Rapport Bretagne Vivante-SEPNB, Séné.

AKRICH Madeleine, CALLON Michel et LATOUR Bruno, 2006: *Sociologie de la traduction*, Paris, Presses des Mines.

BEAUDEAU Pierre, GUIGUEN Claude, PRONIEWSKI Frédéric et VINCENT Thierry, 1986: «Goélands urbains: des problèmes, un exemple d'action», *Annales du Muséum du Havre* 38, 1-57.

BLANC Nicole, 1995: «La nature dans la cité», thèse de doctorat en géographie, Université Paris I.

BLANC Nicole, 2010: «L'habitabilité urbaine», in: COUTARD Olivier et LEVY Jean-Pierre (éd.), *Écologies urbaines*, Paris*:* Economica Anthropos, 169-183.

BLANC Nicole, 2013: «Le face-à-face citadins/nature», *Multitudes* 54(3), 129-139.

BOBBÉ Sophie, 2004a: «Gestions faunistiques, cultures des sauvages et brouillage des catégories», *Communications* 76, 203-220.

BOBBÉ Sophie, 2004b: «Présentation Les Nouvelles figures du sauvage», *Communications* 76, 5-15.

BONNY Henri et MOSCONI Léa, 2023: *Paris animal Histoire et récits d'une ville vivante*, Vottem, Le pavillon de l'Arsenal.

CADIOU Bernard, MONNAT Jean-Yves et PONS Jean-Marc, 1997: «Goélands argentés: problèmes urbains», in: CLERGEAU Pierre (éd.), *Un point sur... oiseaux à risques en ville et en campagne*, Paris, Éditions INRA, 69-83.

CADIOU Bernard, YÉSOU Pierre, FORTIN Matthieu, MAHÉO Hélène, DERIAN Gwenael, PROVOST Pascal et QUÉRÉ Philippe, 2019: «Îles ou villes: quel est l'habitat optimal pour la reproduction des goélands en Bretagne?», *Ornithos* 26(3), 120-129.

CAMBERLEIN Gilles et FLOTÉ Denis, 1979: «Le Goéland argenté en Bretagne: dynamique de population et gestion de l'espèce, éradication de goélands nicheurs sur certaines colonies de sternes, protection de la mytiliculture dans les Côtes-du-Nord», Rapport SEPNB/ Ministère de la qualité de vie, Paris.

COLON Paul-Louis et LEQUARRÉ Nicolas, 2013: «Le nourrissage des pigeons dans la région parisienne», *Ethnologie française* 43(1), 155-162.

DALLA BERNARDINA Sergio, 1991: «Une Personne pas tout à fait comme les autres. L'animal et son statut», *L'Homme* 120, 33-50.

DALLA BERNARDINA Sergio, 1993: «La nature sauvage et ses consommateurs: des stéréotypes du récit de chasse aux lieux communs de la prose écologiste», thèse de doctorat en lettres, Université Aix-Marseille 1.

DALLA PRIA Caitlin, CAWKWEL Flona, NEWTON Stephen et HOLLOWAY Paul, 2022: «City living: Nest-site Selection Preferences in Urban Herring Gulls, Larus Argentatus», *Geographies* 2, 161-172.

DESCOLA Philippe, 2005: *Par-delà nature et culture*, Paris, Gallimard.

DESCOLA Philippe et PIGNOCCHI Alessandro, 2022: *Ethnographies des mondes à venir*, Paris, Seuil.

DESPRET Vinciane, 2014: *Habiter en oiseau*, Arles, Actes Sud.

Despret Vinciane, 2019 : *Autobiographie d'un poulpe et autres récits d'anticipation*, Arles, Actes Sud.

Ginn Franklin, 2014 : « Sticky lives : slugs, detachment and more-than-human ethics in the garden », *Transactions of the Institute of British Geographers* 39(4), 532-544.

Goumas Madeleine, Boogert J. Neeltje et Kelley A. Laura, 2020 : « Urban herring gulls use human behavioural cues to locate food », *Royal Society Open Science* 7.

Gramaglia Christelle, 2002 : « Humains et goélands : interactions et conflits de proximité en Langudoc-Roussillon », *Espaces et sociétés* 110-111, 167-188.

Gramaglia Christelle, 2010 : « Les goélands leucophée sont-ils trop nombreux ? L'émergence d'un problème public », *Études rurales* 185(1), 133-148.

Haraway J. Donna, 2020 : *Vivre avec le trouble*, Vaulx-en-Velin, Les éditions des mondes à faire.

Latour Bruno, 1989 : *La science en Action Introduction à la sociologie des sciences*, Paris, La Découverte.

Latour Bruno, 1997 : *Nous n'avons jamais été modernes*, Paris, La Découverte ; Syros.

Leicher Marine, Abolivier Lucie et Mineo-Kleiner Lucile, 2020 : « Recensement de la population de population de goélands urbains nicheurs de Lorient Agglomération. Saisons 2020 », Rapport Bretagne Vivante-SEPNB & Lorient Agglomération.

Manceron Vanessa, 2015 : « What is it like to be a bird ? Imagination zoologique et proximité à distance chez les amateurs d'oiseau en Angleterre », in : Cros Michèle, Laugrand Frédéric et Bondaz Julien (éd.), *Bêtes à pensées. Visions des mondes animaux*, Paris, Éditions des Archives contemporaines, 117-140.

Manceron Vanessa, 2016 : « Exil ou agentivité ? Ce que l'anthropologie fabrique avec les animaux », *L'Année sociologique* 66(2), 279-298.

Manceron Vanessa, 2022 : *Les veilleurs du vivant Avec les naturalistes amateurs*, Paris, Les Empêcheurs de penser en rond.

Martin Nastassja, 2022 : *À l'est des rêves. Réponses even aux crises systémiques*, Paris, Les Empêcheurs de penser en rond.

Mendez Beltrán Adrián, Montalvo Tomás, Aymí Raul, Carmona María, Figuerola Jordi et Navarro Joan, 2020 : « Adapting to urban ecosystems : unravelling the foraging ecology of an opportunistic predator living in cities », *Urban Ecosystems* 23(5), 1117-1126.

Nash Roderick, 1982 : *Wilderness and the American Mind, New Haven*, Yale University Press.

Olivier de Sardan Jean-Pierre, 2000 : « Le "je" méthodologique : Implication et explicitation dans l'enquête de terrain », *Revue française de sociologie* 41(3), 417-445.

Pais de Faria Joana, Paiva H. Vitor, Veríssimo Sara, Gonçalves M. Ana et Ramos A. Jaime, 2021 : « Seasonal variation in habitat use, daily routines and interactions with humans by urban-dwelling gulls », *Urban Ecosystems* 24, 1101-1115.

Paulet Matiline, 2020 : « Des oiseaux marins en ville : analyse comparée en milieu portuaire des représentations du goéland (*Larus argentatus, Larus michahellis*) en lien avec l'évolution des dynamiques écologiques des populations », thèse de doctorat en aménagement de l'espace et urbanisme, Université de Bretagne occidentale.

Ruddick Sue, Bunce Susannah, Clancy Cara, Bronwyn Clement, Casellas Connors John Patrick, Fawcett Leesa, Short Gianotti Anne, Johnston Jacquelyn et Luther Erin, 2023 : « Animating the urban : between insfracture and encounter », *Urban Geography* 44(10), 2063-2079.

Savalois Nathalie, 2012: «Partager l'espace avec une espèce protégée qui s'impose: approches croisées des relations entre habitants et goélands à Marseille», thèse de doctorat en anthropologie sociale et historique, École des Hautes Études en sciences sociales de Marseille.

Spelt Anouck, Soutar Oliver, Williamson Cara, Memmott Jane, Shamoun-Baranes Judy, Rock Peter et Windsor Jane, 2021: «Urban gulls adapt foraging schedule to human-activity patterns», *Ibis* 163, 274-282.

Schwartz Olivier, 1993: «L'empirisme irréductible», in: Anderson Nels (éd.), *Le Hobo, sociologie du sans-abris,* Paris, Nathan, 265-308.

Thomas Alain et Monnat Jean-Yves, 1980: «Éradication ponctuelle de Goélands argentés (Larus argentatus) sur une colonie de Guillemots de Troïl (Uria aalge albionis)», *Penn ar Bed* 102, 337-338.

Vincent Thierry, 1994: «Écologie et comportements des populations de Goélands argentés (*Larus argentatus argenteus* Brehm 1822) en milieu urbain: l'exemple de la ville du Havre», thèse de doctorat en biologie, Université de Rouen.

Weber Jacqueline, Haag Daniel et Durrer Heinz, 1994: «Interaction Between Humans and Pigeons», *Anthrozoös* 7(1), 55-59.

Zask Joëlle, 2020: *Zoocities. Des animaux sauvages dans la ville*, Paris, Premier Parallèle.

Zask Joëlle, 2022: *Quand la forêt brûle. Penser la nouvelle catastrophe écologique*, Paris, Premier Parallèle.

People and Gulls in the City: When Interactions Change City Dwellers' Practices and Perceptions of the Bird

Gull nesting in French urban areas started in the 1970s. A few decades later, municipal services introduced egg sterilization campaigns to control the number of gulls in the city. This article focuses on how city dwellers adapt to the bird's presence and interact with it in the towns of Lorient and Sète, describing practices, interactions and perceptions of the gull. Whether it is a question of combating the presence of the animals or maintaining a special relationship with them, the article reveals that encounters with gulls help city dwellers evolve in their representations of and their relationship with animals.

***Keywords**: gull, cohabitation, city, interaction, evolution.*

Mensch und grosse Moewe in der Stadt: wenn Interaktionen die Praktiken und Vorstellungen der Stadtbewohner vom Vogel verändern

In den 1970er-Jahren begannen in Frankreich Silbermöwen und weitere grosse Möwen, in städtischen Gebieten zu nisten. Einige Jahrzehnte später führten Stadtverwaltungen Kampagnen zur Sterilisierung von Eiern durch, um die Anzahl der Möwen in den Städten zu begrenzen. Wir untersuchen, wie sich Stadtbewohner an die Anwesenheit des Vogels anpassen und mit ihm interagieren, und zwar am Beispiel der Städte Lorient und Sète, indem die Praktiken, Interaktionen und Wahrnehmungen gegenüber der Möwe beschrieben werden. Geht es darum, die Anwesenheit von Tieren zu bekämpfen oder im Gegenteil eine besondere Beziehung zu ihnen zu pflegen? Der Beitrag zeigt, dass die Präsenz der Silbermöwe die Vorstellungen und die Beziehungen der Stadtbewohner zu den Tieren verändert.

***Stichworte**: Silbermöwe, Zusammenleben, Stadt, Interaktion, verändertes Verhalten.*

Coexister avec les vers luisants
Histoires d'anecdotes

Boris Chastant, CANTHEL – Centre d'anthropologie culturelle, Université de Paris Cité, **boris.chastant@etu.u-paris.fr**

Résumé

Les humains vivent aux côtés des vers luisants depuis plusieurs milliers d'années et l'intriguant insecte nocturne et bioluminescent n'a pas dû passer inaperçu. Pourtant, il n'existe que peu de traces historiques de ces rencontres anecdotiques qui, autrefois, étaient vouées à tomber dans l'oubli. En 2015, deux chercheurs en sciences naturelles ont lancé un programme de sciences participatives sur le territoire français visant à recenser les observations de vers luisants par le grand public. Désormais, des traces (numériques) s'accumulent et offrent des clés de compréhension de notre rapport à cet insecte qui médiatise des formes d'attachement et d'attention à un environnement intime, les jardins domestiques.

Mots-clés *: coexistence, ethnographie numérique, sciences participatives, trace, ver luisant.*

Au départ, une rencontre nocturne

Les « vers luisants » doivent leur nom à l'aspect de larve qu'ont les femelles, évoquant un lombric, et à leur capacité de produire une lumière continue de couleur jaune-vert. Plus petits, les mâles ressemblent à des scarabées qui, à la différence de la femelle, peuvent voler mais n'ont pas d'organe lumineux. On les confond parfois avec leurs cousines les lucioles. Ces dernières appartiennent à la même famille taxonomique que les vers luisants, les lampyridés, qui sont apparus il y a environ 150 millions d'années. Les lucioles se distinguent grâce à leurs signaux lumineux volants et clignotants qu'on ne trouve, en France métropolitaine, que dans le Sud-Est et dans les Pyrénées-Orientales.

Présents sur la totalité du territoire français métropolitain, les vers luisants vivent auprès des humains depuis plusieurs milliers d'années. Ils ont progressivement et par

DOI: 10.33055/GEOREGARDS.2023.016.129

vague colonisé l'Europe. Sans pouvoir dater précisément depuis quand humains et vers luisants se rencontrent, on retrouve une trace écrite à leur propos il y a environ deux mille ans, dans l'histoire naturelle de Pline l'Ancien (1947 : 66). Cette coexistence relève autant d'enjeux écologiques que sociologiques, bien que cette distinction de catégorie corresponde à une modalité de penser occidentale qui tend à séparer nature et culture. Pour essayer de pallier, partiellement, cette dichotomie, j'essaierai de traiter de manière symétrique ces deux catégories en m'appuyant sur des savoirs en sciences naturelles. Écologiquement, les humains et les vers luisants partagent un même environnement, défini comme un assemblage dynamique et complexe d'humains et de non-humains, géographiquement localisable et aux frontières poreuses. Les conditions écologiques actuelles de cohabitation ne conviennent généralement plus à ces insectes dont les populations semblent décliner (Lewis et al., 2020). La dimension sociologique émerge des interactions et des rencontres entre humains et vers luisants. Ce sont les femelles vers luisants qui sont repérées les nuits d'été. Les rencontres sont éphémères. Dans un endroit souvent familier, tel un jardin, un parc, une forêt ou le long d'un chemin, une lumière brille de manière continue depuis le sol. L'humain a son regard attiré par cet intrigant scintillement dans l'obscurité. Certain·e·s s'approchent pour mieux le voir, le photographier, voire le prendre dans leurs mains. Au bout d'un instant, les chemins de ces deux êtres se séparent. La femelle ver luisant brillera dans l'attente qu'un mâle de son espèce la trouve. Les humains s'éloigneront, gardant parfois en souvenir ce moment bref et apprécié. Certain·e·s se rendront sur le site de l'Observatoire des Vers luisants et des Lucioles (OVL). L'OVL, créé en 2015, recense la présence des insectes bioluminescents en France via un dispositif de sciences participatives – c'est-à-dire une technologie composée d'un site Internet, d'un formulaire et d'une base de données qui enregistre les rencontres. Grâce à son protocole simple, construit autour de questions génériques, l'OVL s'adresse au grand public – et c'est d'ailleurs principalement celui-ci, et non un public de spécialistes qui soumet ses observations[1].

Dans cet article, je m'appuie principalement sur une ethnographie numérique d'un an et demi, entre décembre 2021 et mai 2023, correspondant à une archéologie de la base de données de l'OVL, soit la lecture de manière aléatoire de plusieurs milliers de formulaires numériques, ainsi qu'un travail d'observation participante en tant que bénévole de gestion de la messagerie numérique de l'OVL. Ce bénévolat m'a aussi permis d'accéder à la base de données qui est confidentielle, dont l'accès se fait par Internet et nécessite un code d'accès. Michèle Cros et Quentin Mégret (2011) soulignent que depuis la démocratisation d'Internet, ce dernier n'a cessé d'investir nos modes de vie – et il est désormais indispensable de prendre en compte le numérique sur son terrain. Je m'intéresse également aux *restes* numériques qu'enregistre ce dispositif, c'est-à-dire à ce qui résiste à la disparition et qui témoigne des temps qui passent (Debary, 2019 : 23). Qu'est-ce que ces restes racontent ? Bien sûr, je n'ignore pas que le champ d'observation de cette approche reste restreint et nécessite d'être complété par une ethnographie dite « classique » (Jouët et Le Caroff, 2013). C'est ce que je réalise en parallèle de mon ethnographie numérique. Enfin, je m'interroge sur la manière dont le programme de science participative transforme la

[1] D'après un sondage effectué par l'OVL en 2018 : http://www.asterella.eu/NEOKIPOS/resultats.php?pays=FRANCE&p= (consulté le 14 octobre 2022).

relation entre humains et vers luisants en France. Un certain nombre de travaux ont déjà abordé ces questions, au travers des dimensions exploratoires et transformatives des sciences participatives (COUVET et TEYSSÈDRE, 2013) ou encore des modalités sensibles et politiques de partage de connaissances au sein d'un réseau (CHARVOLIN, MICOUD et NYHART, 2007).

UN LONG ET « FROID » VOISINAGE

En France, on retrouve environ dix espèces de vers luisants du genre *Lampyris*, *Lamprohiza*, *Nyctophila* ou *Phosphaenus* (CONSTANTIN, 2014) avec des aires de répartition variables. Le ver luisant commun (*Lampyris noctiluca*) est l'espèce qui est présente sur la quasi-totalité du territoire métropolitain. Pour ne pas multiplier les histoires, je le prendrai pour exemple au travers de sa phénologie et son écologie, qui sont sensiblement différentes de celles des autres espèces.

Le ver luisant commun a certainement colonisé la France jusqu'à l'Europe du Nord en suivant le dégel de la dernière ère glaciaire, il y a de ça plus de dix mille ans. Les milieux anthropisés leur ont longtemps convenu. À l'état larvaire, il trouve de quoi se nourrir dans les jardins, potagers et champs : ses proies sont les escargots et les limaces. Au bout d'un à quatre ans, la larve part à la recherche d'un endroit où se transformer en nymphe, dernière étape avant de devenir adulte. Les espaces dégagés, comme les lisières des champs ou des prairies, lui conviennent afin que la lumière émise par la femelle soit visible le plus loin possible. L'été, quand la femelle larviforme sort adulte de sa nymphe, elle débute son rituel lumineux. Sans relâche, sans se nourrir et jusqu'à la mort, toutes les nuits, environ 45 minutes après le coucher du soleil, elle grimpe sur une brindille ou un autre monticule pour y briller et signaler sa présence aux mâles. Si aucun mâle ne vient au bout de quelques heures, elle retourne se cacher dans les herbes et recommencera la nuit suivante. La femelle n'a que trois à quatre semaines pour trouver son partenaire avant de mourir d'épuisement. Si l'accouplement espéré a lieu, elle descend pour pondre des dizaines d'œufs dans les herbes avant de mourir peu de temps après. Quelques semaines après la mort de leur mère, les larves éclosent et partent à la chasse aux gastéropodes – sauf en hiver, le temps d'une diapause. C'est ce cycle qui, depuis des milliers d'années, se reproduit[2]. Les observations de vers luisants n'ont alors principalement lieu qu'à un moment précis de l'existence de ces insectes, les nuits d'été, avec les spécimens adultes femelles et c'est peut-être davantage la lumière émise dans l'obscurité que l'insecte en lui-même qui est remarquée. Le reste du cycle biographique d'un ver luisant reste généralement hors de vue des humains qui n'y dédient pas une attention prolongée et méticuleuse.

Bien que les vers luisants vivent au sein des collectifs humains depuis longtemps, il n'existe que peu de traces historiques de ce voisinage. Les vers luisants font peu l'objet de représentations culturelles et n'appartiennent à aucune catégorie qui impliquerait une organisation collective particulière : ils ne sont ni domestiques, comme les abeilles mellifères, ni nuisibles comme les punaises de lit, ni comestibles comme

---

[2] La description du cycle de vie a été méticuleusement décrite dans la monographie du ver luisant commun du naturaliste John Tyler (2002).

l'ont été les vers de farine, ni «exotiques envahissants» comme les moustiques tigres, ni utilisés à des fins de lutte biologique comme les coccinelles asiatiques. Ils sont, à l'instar de nombreux insectes, des êtres que les humains côtoient sans remous et qui sont généralement ignorés, ou brièvement remarqués. Il semble plus juste de parler d'interactions que de relations quant à ce qui lie les humains à ces insectes, dans la mesure où une relation consiste en «*une connexion prolongée entre les parties interagissantes ou d'un entrelacement des histoires de leur vie*» (Ingold, 2021 : 108). Une interaction courte et à distance entre la femelle ver luisant qui brille pour être vue et l'humain qui la regarde. Pour autant et nous le verrons par la suite, le terme «interaction» paraît insuffisant car la rencontre se prolonge sous diverses formes. Un souvenir de cette rencontre peut être conservé. Les rencontres se transforment parfois en rendez-vous, pour aller voir si l'insecte luit toujours les jours suivants, l'été suivant. Certain·e·s aménagent leur jardin afin qu'il soit accueillant pour ces insectes. Enfin, certain·e·s contribuent au programme de sciences participatives.

Les vers luisants apparaissent dans l'histoire européenne principalement dans les récits de naturalistes à partir du xviie siècle. Les descriptions des insectes, dont le ver luisant, se multiplient à partir de ce siècle avec le développement des sciences modernes, du microscope et de l'entomologie (Daniel et Montandon, 2022). Sous la plume de Carl von Linné, en 1758, le ver luisant commun prendra son nom latin *Lampyris noctiluca.* Les descriptions sont pour la plupart cantonnées aux caractéristiques biologiques, à quelques exceptions près, comme celle en 1907 de l'entomologiste Jean-Henri Fabre (1989 : 1071-1082) qui fait le choix d'une écriture plus poétique et anthropomorphique, parlant «*d'étincelle tombée de la pleine lune*» ou encore de leur métier de «*giboyeurs*» de gastéropodes que le ver luisant chasse à coup de «*pichenettes*». Au xixe siècle, les folkloristes[3] en Europe font apparaître de manière anecdotique les imaginaires de certains collectifs sur les vers luisants. L'élément le plus régulier, rapporté à plusieurs endroits, est relatif à la fête estivale de la Saint-Jean. Cette nuit-là, les personnes sont de sortie, ce qui favorise la rencontre avec un ver luisant. Il est dit que voir ou posséder un ver luisant porte-bonheur (Société des traditions populaires, 1888 : 330).

Les rencontres avec les vers luisants ont probablement été nombreuses car l'insecte est visible de loin grâce à sa bioluminescence, bien que l'obscurité nocturne réduise les conditions de rencontre puisque c'est un espace-temps peu pratiqué par les humains. Le défaut de traces historiques m'a motivé à qualifier ces rencontres *d'anecdotiques*. Elles ne semblent donner lieu à aucune mémoire collective et à très peu d'écrits. Peut-être restent-elles dans les souvenirs des individus et sont vouées à tomber, au fil des ans, dans l'oubli ? Ou bien se transmettent-elles discrètement et intimement à l'oral ? L'anecdotique relève ici moins de l'absence d'histoires ou de mémoires que de sa place dans l'obscurité, en retrait de ce qui est exposé, où une démarche active de recherche s'impose. Ces rencontres sont comme des images-lucioles, des «*apparition*[s] *unique*[s], *précieuse*[s], *quand bien même elle*[s] *ne* [sont] *que fort peu de choses, chose qui brûle, chose qui tombe.* […] *Comme une luciole* [l'image] *finit par disparaître à notre vue et s'en va en un lieu où elle sera, peut-être,*

[3] Je m'appuie ici principalement sur de multiples numéros de 1886 à 1928 de la *Revue des traditions populaires*, dirigée par la société des traditions populaires.

aperçue par quelqu'un d'autre, ailleurs, là où sa survivance pourra s'observer encore » (DIDI-HUBERMAN, 2009 : 102). Éphémères et localisées, il y a peu d'interactions prolongées ou répétées. Enfin, elles ne font pas « événement » : elles ne bouleversent ni le fonctionnement d'une société ni les vies biographiques – sauf peut-être celle de Raphaël Dubois, physiologiste, qui, passionné par la lumière émise par ces insectes, a produit des études cruciales dans la description du phénomène de bioluminescence à la fin du XVIIe siècle. La rencontre avec un ver luisant peut ainsi entrer dans la longue liste de ce que l'anthropologue Françoise Héritier (2012) a nommé le *sel de la vie*. Une satisfaction, un étonnement ou un moment de bonheur fugace, provoqué par la trouvaille de cette lumière nocturne, qui donne du goût à la vie ; un moment parmi tant d'autres. Il ne faut cependant pas faire d'anachronisme : si la trouvaille provoque actuellement un éventuel plaisir, il est probable que ce ne fut pas pareil en tout temps. La lumière dans l'obscurité peut aussi avoir des significations néfastes. Pierre Lemonnier (2006) constate que les nuées de lucioles sont source d'effroi chez les Ankaves de Papouasie–Nouvelle-Guinée à la fin du XXe siècle. Ce sont des *ombo'*, des êtres cannibales causant morts et maladies. En reprenant les catégories de Claude Lévi-Strauss (1961), qui distingue les sociétés froides et les sociétés chaudes en fonction de leur rapport au temps qui passe, les rencontres avec les vers luisants ont longtemps relevé d'une histoire froide, c'est-à-dire une histoire cyclique où les rencontres ne sont pas enregistrées et ne modifient pas la vie quotidienne des individus et des collectifs auxquels ils appartiennent.

Depuis plusieurs dizaines d'années, cette histoire se réchauffe : elle tend peu à peu à enregistrer les faits et événements qui vont affecter les personnes. Les vers luisants, comme de nombreux insectes, déclinent dans un contexte généralisé de catastrophe écologique provoquée par les activités humaines. L'anthropisation ne convient plus aux vers luisants pour plusieurs raisons (LEWIS et al., 2020). D'abord, bien qu'ils n'en constituent pas la cible directe, ils sont affectés par les pesticides. Ensuite, le développement des éclairages artificiels depuis le XIXe siècle les perturbe en brouillant les signaux lumineux des femelles ainsi qu'en désorientant les mâles. Enfin, les femelles n'ayant pas d'élytres (ailes), leur capacité de déplacement et de dispersion est limitée. Les projets humains qui transforment les paysages les affectent fortement – de l'urbanisation au remembrement agricole, qui rase les interstices appréciés par ces insectes. Cependant, comme c'est le cas pour la plupart des insectes, la mesure de ce déclin sur un plan scientifique (donc quantitatif) à l'échelle d'une région ou d'un pays n'existe pas et reste très complexe du fait de leur présence diffuse, disparate et peu perceptible. Le déclin est surtout ressenti par les naturalistes (GARDINER, 2009 : 1) et certains individus à une échelle locale – qui évoquent un passé pas si lointain où leurs nuits estivales étaient parsemées des lumières de vers luisants et d'un présent où ces lumières sont de moins en moins nombreuses. Depuis une dizaine d'années, les amoureux des vers luisants investissent les discours collectifs à travers des articles de presse, des commentaires sur les réseaux sociaux ou des vidéos consultables en ligne. On y décrit le cycle de vie de l'insecte ainsi que les causes de son apparente disparition. Un rapport affectif transparaît au ver luisant, parfois qualifié de magique et merveilleux. L'objet « ver luisant », souvent confondu avec la luciole, est alors mobilisé pour apporter une accroche intimiste auprès des auditeurs et des auditrices de ces discours, à l'instar du journaliste Stéphane Foucart qui, dans son analyse des conséquences des pesticides sur les abeilles et la fabrique du doute par l'agrochimie, introduit la conclusion de son livre par le paragraphe suivant :

> «*Au mitan des années 2010, du fond d'un jardin du sud-ouest de la France, un petit garçon d'une dizaine d'années lance un cri : "Papa ! Un ver luisant !" Pour lui, comme pour nombre d'enfants nés au tournant du siècle, découvrir une luciole ou un hanneton, c'est toute une histoire. Cette surprise enfantine devant des animaux aussi communs à notre souvenir résume et incarne le naufrage d'une époque. Par quelque chose qui peut ressembler à de la culpabilité ou de la honte, ou peut être simplement par bienveillance, le père ne dira pas à son fils qu'à son âge* [...], *le soir venu, on voyait encore les lucioles se réunir autour des arbres. Tout cela, et qui n'étaient peut-être déjà que le pâle reflet des mêmes lieux quelques décennies plus tôt, s'est comme évaporé. Les enfants d'aujourd'hui n'ont aucune idée de ce dont les deux générations précédentes, celles de leurs parents et leurs grands-parents, les ont dépossédés. Par inattention et par négligence, par une accumulation de petites complicités et de compromissions* [...], *nous avons laissé un patrimoine irremplaçable s'étioler jusqu'à parfois disparaître.*» (Foucart, 2019 : 322-323)

Surveiller le très probable déclin des vers luisants est l'un des objectifs que deux chercheurs en sciences naturelles se sont donnés en lançant, en 2015, l'Observatoire des Vers luisants et des Lucioles (OVL) à l'échelle de la France et ouvert au grand public. Les chercheurs ont parié sur le «capital sympathie» des vers luisants, c'est-à-dire l'attachement des humains envers ces insectes. Ces insectes sont facilement repérables grâce à leur lumière et l'identification de l'espèce est généralement facile grâce à la localisation de l'observation et parce que le nombre d'espèces de vers luisants en France métropolitaine est réduit par rapport aux autres insectes[4]. Enfin, l'intérêt de ce dispositif repose aussi sur la volonté d'étudier un insecte très répandu en France et qu'on retrouve principalement dans les jardins, des espaces privés dont les accès sont complexes autant pour l'entomologiste que pour l'ethnologue. Les jardins domestiques sont par ailleurs des espaces régulièrement ciblés par les programmes de sciences participatives[5], non seulement pour leur difficulté d'accès, mais également car ce sont des espaces pour lesquels les participant·e·s ont une proximité à la fois géographique et affective. Les porteurs de ces programmes cherchent ainsi à «éveiller» le grand public au travers de l'acquisition de savoirs sur des espèces voisinant les participant·e·s, avec comme autre objectif de transformer les pratiques de ces derniers envers leur jardin et la nature plus généralement (Charvolin, 2019).

Un naturaliste résume ces motivations à participer à l'enquête sur les vers luisants dans un livre consacré à la disparition des insectes :

> «*Quelle espèce est plus visible et plus reconnaissable que le Ver Luisant ? Il suffit, ou plutôt il suffisait, de se promener à la nuit tombée au début de l'été pour*

[4] À titre de comparaison, on compte en France 5 000 espèces de papillons, dont 250 sont diurnes, contre seulement 10 de vers luisants.

[5] On peut citer en exemple les programmes de recensement des oiseaux, des papillons ou encore des bourdons portés par Vigie-Nature (https://www.vigienature.fr/).

> *voir s'agiter dans l'herbe le long des haies et des chemins d'innombrables fanaux verdâtres exhibés par les femelles pour attirer les mâles.* [...] *Alors qu'auparavant je les observais partout, ils se concentraient désormais sur quelques points le long du chemin et avaient disparu du jardin.* [...] *Depuis quelques années, j'apporte ma pierre à une enquête participative sur les Vers luisants.* » (Albouy, Richard et Maquart, 2020 : 68)

Ainsi, autrefois, les rencontres avec les vers luisants relevaient de l'anecdotique et demeuraient dans un cadre privé. Le voisinage avec ces insectes se réduisait à des observations, ce n'est que très rarement qu'elle prenait forme et place dans la mémoire collective, à l'exception des ouvrages entomologistes. Mais, depuis 2015, la naissance du programme de sciences participatives – essentiellement numérique – offre un lieu où les individus peuvent prolonger leur interaction avec un ver luisant en signalant leur trouvaille. C'est également un dispositif qui participe à provoquer des rencontres, notamment lorsque les chercheurs sollicitent – par courriel – les individus à partir à la recherche de ces insectes. Des traces numériques et écrites s'accumulent peu à peu dans la base de données. Le voisinage écologique – le partage d'un environnement – se couple d'un voisinage numérique, d'une présence étendue dans et à travers le monde.

Archivage des anecdotes

En juin 2022, lors d'un colloque international dédié aux savoirs sur les lucioles et les vers luisants, l'un des fondateurs de l'OVL intervient pour présenter le programme de sciences participatives en France. Il introduit les différentes espèces présentes en France puis les techniques et méthodes utilisées pour solliciter l'attention du grand public. Ensuite, il revient sur un certain nombre d'anecdotes cocasses liées à de courtes interactions avec des participant·e·s de l'OVL. Ce dernier est en effet devenu un guichet vers lequel les personnes convergent pour témoigner de leurs observations ou obtenir des réponses à des questions très diverses sur les insectes lumineux.

> « *Ma préférée* [des anecdotes]. *La meilleure est probablement celle-ci. Au téléphone : "Tous les soirs, dans le jardin, je surveille mon ver luisant pour le protéger." La dame ajoute, très fière d'elle : "J'écrase tous les animaux qui l'attaquent." Après vérification, effectivement, elle écrase méticuleusement tous les mâles vers luisants qui approchaient la femelle. Ça n'a jamais été aussi vrai que le savoir est essentiel pour la protection de la biodiversité. Concernant la vieille dame, quand nous lui avons donné l'explication, elle était dévastée. Et j'ai toujours le cœur brisé pour elle. Et les vers luisants.* »[6]

Cette anecdote qui amusa l'audience est utilisée par le chercheur pour justifier de l'importance de transmettre le savoir auprès du grand public – dans le cas présent, en expliquant le dimorphisme sexuel des vers luisants pour éviter que cela ne se reproduise – et le programme de sciences participatives est utile pour cela. De mon côté,

[6] Citation d'une intervention au Fireflyer International Symposium, le 10 juin 2022, à Porto (Portugal). Traduction de l'anglais par l'auteur.

assistant à cette présentation, je me dis que l'OVL permet aussi de rendre visible et mémorable ce type de situation.

Pour comprendre le contenu et la forme des anecdotes enregistrées, il faut s'intéresser au fonctionnement de l'OVL. Je vais ainsi décrire les étapes depuis la rencontre jusqu'au stockage de l'observation dans la base de données afin de comprendre le façonnement de l'espace que j'ai arpenté, la base de données. Au départ, donc, il y a la fameuse rencontre nocturne dans des conditions et lieux très variables, même si la plupart se déroulent dans des lieux privés, les jardins domestiques. La rencontre se poursuit sur Internet, via un ordinateur ou un téléphone portable, où la personne se connecte au site Internet de l'OVL. Elle tombe sur un formulaire titré «*Avez-vous déjà vu un ver luisant ou une luciole ?*»[7] Que la réponse soit positive ou négative, on est prévenu que cela intéresse les chercheurs. Le formulaire comprend une liste de questions simples qui correspond au protocole visant à collecter certaines informations. Il a été conçu ainsi afin d'ouvrir le programme au plus grand nombre. Il se distingue d'autres programmes comme celui sur les papillons qui nécessitent une accumulation de savoirs, du temps disponible et le respect d'un protocole d'observation strict (Charonnet, 2019). Le protocole simplifié s'adresse ici au grand public et permet d'obtenir une grande quantité de données au détriment de leur précision car seul un nombre limité de paramètres est enregistré[8]. Le protocole permet d'extraire des informations précises et réduites sur la densité réelle de la rencontre – afin de ne garder que ce qui est estimé essentiel et d'épurer les éléments non nécessaires pour les chercheurs. Il contraint et organise l'archive, la rendant abstraite et manipulable par les chercheurs.

Les informations demandées sont les suivantes: le lieu d'observation (dans son jardin ou en dehors, la commune et, si possible, l'adresse précise), le moment (date et heure), le nombre d'individus, le type de signal lumineux (lumière continue ou clignotante, volante ou non, de couleur jaune-vert ou bleue). Ce dernier point est l'information qui permet de décrire l'ensemble des signaux lumineux des bestioles bioluminescentes en France. Le ver luisant correspond à la case: «*ne volait pas et faisait une lumière jaune-vert plutôt continue*». S'il n'est pas demandé aux participant·e·s de créer un compte, l'adresse de messagerie numérique doit être renseignée. C'est autour de celle-ci que sont enregistrées dans la base de données les observations des participant·e·s qui parfois sont répétées chaque année. Une des particularités du programme de l'OVL est d'avoir laissé un emplacement libre «*commentaire ou précisions si vous souhaitez*». Celles et ceux qui ne veulent pas passer par le formulaire peuvent envoyer un message électronique qui permet notamment aux personnes de partager les photos des spécimens vus, ou d'appeler, comme ce fut le cas de la «vieille dame» citée par le chercheur. Si le dispositif contraint le contenu et la forme de l'archive via une liste de questions ciblées et souvent fermées, ces options de commentaire libre ou d'envoi de courriels offrent aux participants un espace d'écriture à investir.

---

[7] http://www.asterella.eu/NEOKIPOS/formulaire0.php?pays=FRANCE&p= (consulté le 14 octobre 2022).

[8] Seuls quatre paramètres sont obligatoires à remplir contre, par exemple, une quinzaine pour le questionnaire anglais. https://irecord.org.uk/enter-glow-worm-record (consulté le 24 avril 2023).

Une fois les informations remplies puis envoyées, les participant·e·s arrivent sur une page de remerciements où il est possible de poursuivre la participation à l'enquête en détaillant l'environnement où a été vu l'insecte: type d'environnement (rural/urbain/semi-urbain); surface du jardin, distance à une forêt, à un champ, à une prairie, composition du jardin (en termes de flores), usage d'engrais, de pesticides, observations d'autres animaux sauvages (hérissons, orvets, etc.). Ces éléments, quand les personnes y répondent, densifient la description enregistrée, augmentent le nombre de données potentiellement exploitables et sont un prolongement de l'expérience du ou de la participant·e et de son sentiment de contribuer à quelque chose de plus grand: la production de savoirs scientifiques, la préservation de ces insectes et de la nature plus globalement. Une fois le formulaire envoyé, les données sont enregistrées dans une base de données numériques et ne sont plus consultables et modifiables directement par les participant·e·s. Pour accéder aux données qu'on a émises, pour les consulter ou les modifier, on doit faire la demande par courriel à l'OVL. Désormais enregistrée dans le répertoire de l'OVL, l'adresse de messagerie servira pour les prochaines campagnes de communication, où la personne sera invitée à participer à nouveau à l'enquête.

La conception du protocole et l'attachement à cet insecte semblent avoir permis un certain succès. Depuis 2017, près de 15 000 observations sont recueillies chaque année. Il s'agit de l'un des plus importants programmes de sciences participatives en France en termes de quantité de données. En fin 2022, environ 49 000 profils de participant·e·s sont enregistrés dans la base de données avec plus de 100 000 formulaires d'observation de vers luisants. La quantité est importante, relativement à une équipe de moins de cinq personnes dont certaines sont impliquées de manière bénévole en parallèle d'une activité salariée. La plupart des commentaires ne sont ni vraiment mémorisés ni vraiment oubliés. Ils sont écrits et enregistrés. L'incertitude règne quant à la possibilité qu'ils soient lus, car même s'ils sont brefs, les chercheurs manquent de temps pour y porter leur attention. Ils déplorent cet état de fait, ces informations étant selon eux parfois très intéressantes. Ils me citent l'exemple d'un courriel, qui a pu être lu[9] et qui leur a permis de retrouver un ver de terre non observé depuis près d'un siècle par les scientifiques et les naturalistes. Celui-ci émet une lumière bleue et non jaune-vert comme le ver luisant; les chercheurs ont alors fait évoluer le questionnaire en ajoutant l'option «*ne volait pas et faisait une lumière bleue*». De mon côté, j'ai scruté minutieusement un échantillon de la base de données. J'ai passé en revue aléatoirement environ 4 000 des 49 000 profils des participant·e·s, en m'attardant sur les commentaires libres émis. J'ai également participé à la lecture, la saisie des données et la réponse d'environ 500 courriels. Cela m'a permis de collecter de nombreux *restes* numériques et numérisés de rencontres entre humains et vers luisants – *restes* en tant qu'ils persistent encore aujourd'hui, dans la base de données, et *restes* en tant que résidus partiels des rencontres, contraints par le protocole et sur lesquels le temps a fait son travail d'érosion, d'oubli. Je vais en restituer ici certains qui seront anonymisés et non datés – si ce n'est qu'ils ont été émis après 2015. Ces *restes* parlent d'une modalité d'attention et d'interactions

9 Si les commentaires émis par le formulaire sont rarement lus, ceux envoyés par courriel le sont pour leur grande majorité. Cependant le nombre de courriels annuel (environ 500) est bien inférieur au nombre de formulaires émis (environ 15 000).

que les humains ont avec ces insectes. Une modalité qui passe par le regard, par ce que l'on voit et ce que l'on décide de transmettre, de raconter aux chercheurs qui pilotent l'OVL, en fonction des contraintes du formulaire. Enfin, je souligne que ces *restes*, s'ils participent à témoigner de certaines rencontres, sont oublieux. Oublieux de nombreuses informations sur la rencontre. Oublieux car noyés dans des centaines de milliers de données pour lesquelles il manque de ressources humaines afin de les étudier toutes. Un participant ne se trompe pas quand il suppose : « *Je ne suis jamais bien certain que mes messages vous parviennent…* »

Exposition des anecdotes

Les éléments les plus réguliers qui reviennent font écho aux informations sollicitées : le lieu et le moment d'observation. Le lieu, dans un premier temps, est souvent celui du jardin dont les participant·e·s ont une connaissance topographique précise. L'attention se dirige vers le milieu précis qu'a choisi l'insecte avec un phénomène qui se répète durant plusieurs années consécutives : « *C'est la seconde année que je constate la présence de vers luisants sur ma terrasse en rez-de-jardin, en pleine* [ville]. *Cette terrasse est à l'écart de toute voie de circulation (> 100 m). Je laisse des lits de feuilles mortes et c'est d'ailleurs là que j'observe leur présence. L'autre soir l'un d'eux était carrément loin du lit de feuilles et se promenait sur un de mes bacs à plantes.* » À la lecture des commentaires, le ver luisant a une *bonne place* : dans la végétation, loin des surfaces artificialisées et minérales. Dans les rares contacts physiques avec cet insecte, un certain nombre concerne leur déplacement vers une zone jugée plus adaptée pour eux : « [Ver luisant] *qui entre dans ma cave, et ce plusieurs fois depuis le 10 juin. Je ne comprends pas, je la remets à chaque fois là où elle se met chaque année dans mes pivoines.* » ou encore « *Vu 1 ver luisant cette année qui était rentré dans la maison, a été remis dans le jardin, je ne l'ai plus revu, l'an dernier j'en ai vu un en bord de route, devant chez moi* ». Cette *bonne place*, c'est avant tout dans son jardin, au point de motiver certain·e·s à en prendre et en ramener chez eux, ou à chercher à les attirer et à les multiplier. À la différence de la plupart des insectes, le *bon nombre* de vers luisants, c'est la nuée. Certain·e·s s'interrogent : « *L'année dernière nous avions été gâtés, il y en avait 5 dans notre jardin. Et rien cette année, j'espère en voir l'année prochaine !* », « *Il y a possibilité de faire un "élevage" pour essayer d'augmenter la population ?* » ou encore « *Cela fait plusieurs années qu'il y a deux ou trois points lumineux de vers luisants mais je n'arrive pas à les faire se multiplier. Je ne comprends pourquoi car je ne bouscule pas le sol du bois où je vis. Je ne traite pas le sol et laisse les feuilles mortes protéger les insectes l'hiver. Comment peut-on les aider ?* » Il y a aussi une attention particulière quant au lieu d'apparition qui est souvent récurrent, d'un jour à l'autre, d'une année à l'autre ; « *Début juillet, j'ai vu 4 vers luisants aux mêmes endroits qu'habituellement, mais jamais revu ensuite sur 2 500 m².* » La temporalité de l'observation apparaît sur plusieurs aspects. Le ver luisant est un insecte annonçant l'été et son apparition prématurée ou tardive peut perturber : « *Je n'ai pas résisté à la tentation de vous envoyer cet email tellement j'ai été surpris, si tôt dans l'année et dans les Hauts de France, d'observer hier soir* [le 17 juin] *dans mon jardin vers 23 heures "mon" premier ver luisant de l'année. Je concède qu'il faisait encore chaud à cette heure (24°C). Mais bon. Il était sur un brin d'herbe à 5 cm du sol au pied de ma petite haie de hêtres verts en bout de terrasse et près de jeunes plantes Zynnias.*»[10] Mais parfois, les conditions météorologiques s'avèrent être défavorables à l'observation et sont donc signalées par les participant·e·s: «*Je n'ai pas été dans mon jardin cette année en été en soirée ni de nuit suite aux précipitations de pluies régulières et nombreuses en juillet et en août 2021.*» «*Avec le printemps/été "bien pourri" de cette année 2021, je n'ai pas eu l'occasion d'observer la présence de ces petites bestioles… ce que je regrette.*»

Certaines personnes sont ravies de voir la lumière des vers luisants, qu'elles qualifient de magnifique, magique ou merveilleuse: «*Oui j'ai vu des vers luisants pour la 1re fois de ma vie dans mon jardin en juillet 2018. C'était le jour de mes cinquante ans donc je m'en souviens! J'en ai revu pendant deux-trois ans après. J'ai fait des travaux depuis l'été dernier dans mon jardin donc il est possible que cela les ait déplacés. En tout cas, c'est magique!*» Comme les objets-souvenirs dont parle Véronique Dassié (2010), ce sont des présences dans la sphère privée et intime qui sont médiées par une culture partagée. Ils évoquent la présence d'une absence: des souvenirs d'un temps révolu et, ici, d'une nature qui se dégrade. Les lumières des vers luisants sont des *restes* au sens de quelque chose qui résiste au passage du temps (Debary, 2019). Une apparition qui parle de la disparition d'autres: «*J'en vois tous les étés mais il est vrai que j'en vois de moins en moins, aussi quand j'en vois un je le remarque particulièrement.*»; «*Nous voyons deux ou trois, rarement plus ces dernières années, chaque année depuis presque quarante ans.*»; «*Native de* [Bourgogne], *lors de nos promenades nocturnes, alors enfant, les routes et chemins étaient jalonnés de VERS LUISANTS. Revenue, adulte dans le département en réunions familiales, l'absence partielle puis presque définitive de ces insectes nous désole profondément.*»

Certain·e·s participant·e·s s'emploient à essayer de comprendre l'insecte au travers de leurs observations empiriques: «*L'une se trouvait sur la bordure en ciment du parterre devant l'escalier devant la maison. L'autre se trouvait sur le bord de l'escalier en ciment, presque en haut (pas loin de l'entrée de la maison). Comme si le matériau ciment était apprécié! (peut-être pour la chaleur?)*» D'autres élargissent leur attention à d'autres voisins non humains: «*Comme chaque année, les* [vers luisants] *sont présents dans mon jardin. J'ai des hérissons aussi, cela est plaisant de voir cette nature encore présente chez soi. Excellente initiative! J'observe également des lucanes, beaucoup de larves de coccinelles et donc de coccinelles, cela me rassure sur la santé de mon jardin!*»; «*Je profite de cette occasion, pour vous soumettre une petite interrogation qui me taraude l'esprit. Est-ce que les hérissons peuvent se nourrir de vers luisants? Car tous les soirs sans exception 1 ou 2 ou quelques fois 3 hérissons me rendent visite. C'est principalement pour manger quelques croquettes du chat que je leur laisse. Mais sait-on jamais.*» Enfin et pour mettre fin à cette liste pouvant s'étaler longuement, certains explicitent leur motivation à participer à l'enquête: «*En espérant que mes informations puissent nous et vous aider pour le bien de la planète*»; «*Merci pour vos initiatives, qui me donnent l'impression de pouvoir participer*

---

[10] À noter ici qu'il est normal d'observer des vers luisants dès mai. L'étonnement n'est donc pas partagé par les naturalistes.

(très modestement) à la recherche sur la vie naturelle dans mon environnement. » L'insecte, comme de nombreux autres objets-sujets, est observé autant pour lui-même que pour les relations qu'il établit avec le monde dans la compréhension culturelle qu'en ont les observateurs et observatrices.

Conclusion

À l'instar de nombreux insectes, les vers luisants peuvent être qualifiés d'animaux sauvages puisqu'ils échappent au contrôle humain et prolifèrent hors de vue. On peut les rencontrer chaque été, la nuit, lors de leur parade lumineuse. Ces rencontres semblent dans un premier temps se réduire à une simple interaction : l'humain observe la lumière de l'insecte, la contemple pour un temps, ne serait-ce que bref. Mais, nous venons de le voir grâce aux anecdotes collectées, cela va au-delà. Ils se dessinent des modalités plus durables d'attachement à cet insecte et à l'environnement intime dans lequel il est observé, ici le jardin domestique. Certain·e·s sont émerveillé·e·s voire enchanté·e·s par la trouvaille, un moment « *qui surgit dans les replis de nos vies, sans crier gare,* [qui] *ne laisse qu'une trace éphémère dans la mémoire si l'on n'y prend pas garde.* » (Brahy et al., 2023 : 8) Le ver luisant médiatise aussi les temporalités dans lesquelles ces rencontres ont lieu : l'enfance, les vacances d'été, une errance nocturne ou encore les temps incertains des désastres écologiques, pour lesquels le ver luisant représente un fragile indicateur d'un environnement encore favorable à des formes de vie non humaines. L'attachement se constate aussi au travers de ce que les vers luisants font faire aux humains. Certaines personnes transforment les rencontres en rendez-vous annuels, voire quotidiens, aménagent leur jardin dans l'espoir de perpétuer leur présence ou les faire revenir, ou encore participent à l'Observatoire des vers luisants et des lucioles. L'ethnographie numérique dessine de nombreuses pistes et questions qu'une ethnographie « classique » pourra préciser au travers de descriptions fines des expériences vécues de rencontres[11].

Si la caractéristique bioluminescente les rend particuliers, le cas des vers luisants montre comment un programme de sciences participatives permet d'aborder dans une perspective de sciences humaines notre rapport à une (micro)faune sauvage, proche et commune. Par exemple, s'intéresser au processus d'inventaire des plantes sauvages en ville[12] permettrait de questionner la perception intime d'un espace spécifique, la rue. L'exposition des commentaires d'observateurs et observatrices montre aussi comment, grâce à un outil numérique destiné à recenser les vers luisants, des traces historiques émergent. Ces traces presque anecdotiques témoignent de l'existence de multiples rencontres qui longtemps n'ont pas ou peu fait l'objet d'écrits. La technologie – le programme de sciences participatives – altère ainsi les rapports aux vers luisants en tant que nouveau lieu de savoir, de mémoire, de reconnaissance et d'engagement à l'égard de ces insectes. Enfin, il faut resituer la rencontre à l'échelle d'une vie biographique. Si elle ne constitue pas un événement, elle participe, au côté de rencontres avec de multiples autres plantes et animaux non humains, à façonner la perception et l'attachement à un monde qui grouille de vie.

---

[11] Ce travail de recherche est en cours.

[12] https://sauvagesdemarue.mnhn.fr/

BIBLIOGRAPHIE

ALBOUY Vincent, RICHARD Denis et MAQUART Pierre-Olivier, 2020: *L'adieu aux insectes ? Pourquoi ils disparaissent*, Paris, Ulmer.

BRAHY Rachel, THIBAUD Jean-Paul, TIXIER Nicolas et ZACCAÏ-REYNERS Nathalie (dir.), 2023 : *L'enchantement qui revient*, Paris, Hermann Éditeurs.

CHARONNET Emmanuel, 2019: *À la recherche des papillons perdus: Les naturalistes amateurs à l'épreuve des observatoires participatifs de la biodiversité*, thèse de doctorat en anthropologie sociale et ethnologie, Paris, Museum national d'histoire naturelle.

CHARVOLIN Florian, MICOUD André et NYHART Lynn K. (dir.), 2007 : *Des sciences citoyennes ? La question de l'amateur dans les sciences naturalistes*, Paris, Éditions de l'Aube.

CHARVOLIN Florian, 2019: *Les sciences participatives au secours de la biodiversité. Une approche sociologique*, Paris, Rue d'Ulm.

CONSTANTIN Robert, 2014: «Contribution à l'étude des Lampyridae de France, actualisation de leur distribution et observations en France de *Lampyris iberica* Geisthardt, Figueira, Day & De Cock, 2008 (Coleoptera, Elateroidea)», *Le Coléoptériste* 17(1), 34-44.

COUVET Denis et TEYSSEDRE Anne, 2013 : «Sciences participatives et biodiversité : de l'exploration à la transformation des socio-écosystèmes», *Cahiers des Amériques latines* 7273, 4964.

CROS Michèle et MÉGRET Quentin (dir.), 2011 : *Net et terrain. Ethnographie de la n@ture en Afrique*, Paris, Éditions des archives contemporaines.

DANIEL Yvan et MONTANDON Alain (dir.), 2022: *Observer et décrire. Des insectes et des hommes*, Paris, Classiques Garnier.

DASSIÉ Véronique, 2010: *Objets d'affection. Une ethnologie de l'intime*, Paris, Éditions du CTHS.

DEBARY Octave, 2019: *De la poubelle au musée: une anthropologie des restes*, Paris, Créaphis.

DIDI-HUBERMAN Georges, 2009: *Survivance des lucioles*, Lonrai, Éditions de minuit.

FABRE Jean-Henri, 1989: *Souvenirs entomologiques II*, Paris, Robert Laffont.

FOUCART Stéphane, 2019: *Et le monde devient silencieux*, Paris, Seuil.

GARDINER Tim, 2009: «Glowing, glowing, gone ?», *British Naturalists' Association*, 1-12.

HÉRITIER François, 2012: *Le sel de la vie*, Paris, Odile Jacob.

INGOLD Tim, 2021: *Machiavel chez les babouins. Pour une anthropologie au-delà de l'humain*, Le Pré Saint Gervais, Asinamali.

JOUËT Josiane et LE CAROFF Coralie, 2013: «L'observation ethnographique en ligne», in: BARATS Christine (éd.), *Manuel d'analyse du web en sciences humaines et sociales*, Paris, Armand Colin, 147-165.

LEMONNIER Pierre, 2006: *Le sabbat des lucioles. Sorcellerie, chamanisme et imaginaire cannibale en Nouvelle-Guinée*, Paris, Stock.

LÉVI-STRAUSS Claude, 1961 : *Entretiens avec Georges Charbonnier*, Paris, Plon.

LEWIS Sara, WONG CHOONG Hay, OWENS Avalon, FALLON Candace, JEPSEN Sarina, THANCHAROEN Anchana, WU Chiahsiung, DE COCK Raphael, NOVAK Martin, LOPEZ-PALAFOX Tania, KHOO Veronica et REED Michael, 2020: «A Global Perspective on Firefly Extinction Threats», *BioScience* 70(2), 157-167.

PLINE L'ANCIEN, 1947: *Histoire naturelle, XI, 47*, trad. A. Ernout et R. Pépin, Paris, Les Belles Lettres.

SOCIÉTÉ DES TRADITIONS POPULAIRES (1er juin) 1888: *Revue des traditions populaires*, Paris.

TYLER John, 2002: *The glow-worm*, Kent, United Kingdom, Lakeside Printing Ltd.

Coexisting with Glow-Worms. Anecdotal Stories

Humans have lived alongside glow-worms for several thousands of years and the intriguing nocturnal and bioluminescent insect cannot have gone unnoticed. Yet there are few historical records of these anecdotal encounters that were once destined to be forgotten. In 2015, two researchers in natural sciences launched a citizen science programme in French territory aiming to record glow-worm sightings by the general public. Now, (digital) traces are accumulating and offering keys to understand our relationship with this insect that mediates forms of attachment and attention to an intimate environment—domestic gardens.

Keywords: *citizen sciences, coexistence, digital ethnography, glow-worm, trace.*

Das Zusammenleben mit den Glühwürmchen. Historische Anekdoten

Menschen leben seit Tausenden von Jahren mit Glühwürmchen zusammen, und das faszinierende, nachtaktive, biolumineszierende Insekt dürfte nicht unbemerkt geblieben sein. Allerdings gibt es nur wenige historische Spuren dieser anekdotischen Begegnungen, die einst in Vergessenheit geraten waren. 2015 starteten zwei Naturwissenschaftler in Frankreich ein partizipatives Wissenschaftsprogramm mit dem Ziel, Beobachtungen von Glühwürmchen durch die breite Öffentlichkeit aufzuzeichnen. Nun häufen sich (digitale) Spuren und bieten Schlüssel zum Verständnis unserer Beziehung zu diesem Insekt, somit werden Formen der Bindung und der Aufmerksamkeit an eine intime Umgebung, nämlich die Hausgärten, vermittelt.

Stichworte: *Digitale Ethnografie, Glühwürmchen, Koexistenz, partizipative Wissenschaft, Spur.*

IMAGINAIRES URBAINS DES *FABULEUX ZOOPUSCULES* ENTRETIEN AVEC NATHALIE GEORGES, DIRECTRICE DE LA MAISON D'ÉDITION ANIMAL DEBOUT

JOËLLE SALOMON CAVIN, Université de Lausanne, Institut de géographie et durabilité, **joelle.salomoncavin@unil.ch**
NATHALIE GEORGES, directrice générale et artistique – éditrice, Animal Debout, 117 avenue Aristide Briand, 35000 Rennes, **contact@animaldebout.fr**
ANNE SIMON, Centre international d'étude de la philosophie française contemporaine, République des savoirs (UAR 3608), CNRS-ENS-Collège de France/PSL, **anne.simon@ens.psl.eu**

RÉSUMÉ

La relation humains-animaux est au cœur du projet éditorial des Fabuleux ZOOpuscules *auquel cet entretien est consacré. Deux des nouvelles y dessinent les contours d'un monde urbain où les animaux ont conquis la ville, quand une troisième se situe dans un lieu urbain d'exposition des corps animaux, le zoo. Dystopie et utopie urbaines ne sont jamais loin, comme le soulignent les œuvres littéraires qui ont inspiré Nathalie Georges.*

***Mots-clés** : ville, animaux, maison d'édition, fictions.*

INTRODUCTION

« *Une maison d'édition littéraire et graphique qui explore les imaginaires liés à la figure animale et les échanges d'identités entre l'homme et la bête.* » C'est ainsi que Nathalie Georges présente la maison d'édition Animal Debout. Formée à la philosophie et à l'histoire de l'art, Nathalie Georges porte depuis une vingtaine d'années des projets artistiques et culturels au sein de différentes structures dédiées à l'art contemporain, au cinéma et à la littérature. Art et littérature sont pour elle matière à produire de nouvelles expériences. Elle anime et met périodiquement en place des programmes de rencontres entre chercheurs, artistes et écrivains, comme la programmation « Notre rapport au vivant », conçue en collaboration avec l'équipe du Festival Étonnants Voyageurs en 2023.

DOI: 10.33055/GEOREGARDS.2023.016.143

Figure 1 : Les suricates du logo de la maison d'édition Animal Debout.

Elle a également suivi la première volée de la formation « Animaux et société » à l'Université de Rennes, diplôme universitaire conçu pour offrir à des profession-nel·le·s, notamment de la santé, de l'éducation ou des loisirs, des outils pour intervenir sur des questions en lien avec la condition animale.

Animal Debout naît en 2018 à Rennes. Un suricate constitue l'emblème du projet ; c'est lui, l'animal debout, une sentinelle du désert que Nathalie Georges associe à un rêve survenu à la suite d'une expérience professionnelle pénible ; c'est par cette figure animale en alerte que son inconscient a trouvé à se formuler. Expression intrigante et

Figure 2: Aperçu des couvertures des quatorze Fabuleux ZOOpuscules *réalisées par Julien Lemière, artiste, graphiste et sérigraphe (Atelier du Bourg, Rennes).*

proche de «Nuit debout», «Animal debout», ne constitue pourtant pas un projet voulu explicitement comme militant, mais participe d'une volonté de reconsidérer la diversité et l'importance des existences animales, leur beauté et leur dignité.

Nathalie Georges aime jouer avec les mots. Le premier projet de la maison d'édition est la collection des *Fabuleux ZOOpuscules*. Les ZOOpuscules désignent ici des textes courts qui traitent d'animalité. Ils correspondent à son appétit pour la nouvelle: «*une expérience forte et rapide de lecture*». Ils sont «fabuleux» car leur tâche est d'emporter les lecteurs et lectrices ailleurs. C'est «*l'animal humain qui se raconte des histoires et qui interroge le périmètre de son identité*», me confie-t-elle. La collection *Fabuleux ZOOpuscules* regroupe à ce jour quatorze récits publiés séparément sous forme de petits livrets dont chacun fait l'objet d'un travail graphique spécifique, œuvre de Julien Lemière, graphiste au sein de L'Atelier du Bourg, à Rennes: une couverture sérigraphiée originale faisant écho au texte. La police «Faune» créée par l'artiste typographe Alice Savoie confère aux titres des récits des petites lettres qui chacune semble animée.

Ce texte dresse le compte rendu d'un entretien que j'ai réalisé avec Nathalie Georges en juin 2023. Il a été élaboré sur la base de cette entrevue et se nourrit abondamment d'un texte préalablement élaboré par celle-ci et qui fait notamment état de ses influences littéraires.

J'ai rencontré pour la première fois Nathalie Georges à une session consacrée aux *Animal geographies* à la Conférence du centenaire de l'Union géographique internationale à Paris en juillet 2022. Elle y présentait Animal Debout dans une communication intitulée : « Des animaux entre les lignes : cartographies animales dans les fictions d'auteurs français », un titre qui fait écho à l'ouvrage d'Anne Simon (2021). Le récit qu'elle y fit de son expérience littéraire est apparu particulièrement fécond à notre comité éditorial pour ouvrir des perspectives sur les relations humains-animaux et penser les géographies animales. Ainsi, que nous dit la fiction des imaginaires des relations humains-animaux ? Que nous raconte-t-elle de la ville ? Comment esquisse-t-elle la ville animale du futur ? Quelles utopies ? Quelles dystopies ?

En convoquant la littérature fictionnelle dans ce numéro spécial pour nous parler de l'animalité dans son rapport à la ville, c'est en particulier au champ d'étude de la zoopoétique, notamment popularisé par Anne Simon (2021) en France, que l'on s'associe (encadré 1).

Encadré 1 : Définition de la zoopoétique par Anne Simon[1]

La zoopoétique analyse les textes littéraires qui portent sur l'animalité et plus généralement les relations entre les vivants, les éléments et les milieux investis par les humains (villes, friches, plages, interstices ou sous-sols…). Elle renouvelle le corpus des livres étudiés, et s'intéresse aux lexiques et aux constructions syntaxiques ou narratives qui portent les thèmes déployés. Loin de se cantonner aux récits à « messages » écologiques, la zoopoétique se confronte à la complexité de narrations souvent ambivalentes. Elle interroge ainsi par quels procédés la littérature, comble du langage humain, parvient ou non à restaurer « le chant du monde » ou à ébranler « la Grande Barrière » entre humains et animaux (Giono, 1971 : 521).

La zoopoétique postule que l'écriture fait partie du monde de la vie, en revenant aux mythes portant sur son invention à partir de figures naturelles et de traces de bêtes, ou sur le lien de la nomination et du souffle vital. Elle insiste enfin sur la relation entre littérature et quête : saisir poétiquement l'animal, c'est tantôt déconstruire la langue pour rendre compte de son mode d'être parfois radicalement différent, tantôt accompagner le mouvement même de son échappée.

Parmi ses sources d'inspiration, on trouve notamment des écrivains et philosophes comme Jacques Derrida (2006), qui a inventé le terme « zoopoétique », Élisabeth de Fontenay (1998), David Abram (2013) ou Jean-Christophe Bailly (2007).

Anne Simon est l'autrice de *Une bête entre les lignes. Essai de zoopoétique*, Wildproject, 2021 et la rédactrice du Carnet Animots : https://animots.hypotheses.org/

[1] Texte écrit par Anne Simon pour ce numéro spécial de *Géo-Regards*.

Nathalie Georges associe quant à elle son travail à différents penseur·euse·s actuel·le·s du vivant comme Anne Simon (2021), Joëlle Zask (2020), Baptiste Morizot (2020), Jean-Christophe Bailly (2007) ou Alain Damasio (2021). Elle évoque également les travaux pionniers de l'éthologue Jakob von Uexküll sur les mondes animal et humain.

Le cœur de l'entretien porte plus spécifiquement sur trois des quatorze *Fabuleux ZOOpuscules* qui évoquent des questions urbaines avant que Nathalie Georges ne fasse le lien avec d'autres fictions qui l'ont inspirée dans ces appels à textes. Le texte est jalonné d'encadrés qui présentent des extraits des ouvrages cités.

La parole à Nathalie Georges

JSC : Pouvez-vous nous préciser quels étaient vos principaux objectifs en développant la maison d'édition Animal Debout et plus spécifiquement cette collection des *Fabuleux ZOOpuscules* ?

NG : Mon but était de favoriser, accompagner et analyser les imaginaires qui mettent en scène les animaux comme individus dont il s'agit de restituer l'expérience, ou alors comme métaphore ou comme allégorie. Je ne souhaitais pas faire un choix entre ces possibilités mais plutôt explorer tout le nuancier qu'il déploie. Animal Debout puise sa matière première dans les mots, les images et les gestes de créateurs et de créatrices et de penseur·euse·s. Le projet vise à interroger la prégnance de l'empreinte animale sur la psyché humaine et à engager la relation humains/non-humains sur le terrain des sens.

Les *Fabuleux ZOOpuscules* représentent des registres d'écriture très différents. Cette diversité est notamment la résultante des cinq appels à textes que nous avons lancés avec les thématiques suivantes : « Géographies animales », « Bipèdes or not bipèdes », « Les meutes », « Arachno et autres phobies », « Documentaire animalier » – qui ont constitué autant de portes d'entrée pour aborder les relations anthropozoologiques.

Les quatorze récits esquissent pourtant des pistes communes. Certaines questions apparaissent de manière récurrente. La première concerne la place des animaux par rapport aux humains : une place à prendre, à laisser, à partager ? Comment vit-on les uns avec les autres ? La seconde concerne le rapport au corps : le corps humain, le corps animal, les corps métamorphosés, hybridés, émancipés, libres ou souffrants. La troisième concerne les affects tels que la peur, humaine ou animale ; ce qui est hostile, dérangeant, effrayant. La quatrième concerne la précarité des habitats et des espèces. L'effondrement et la catastrophe sont très présents dans les récits. Les auteurs et autrices imaginent ce qui se passe après, formulant des scénarios de vies possibles pour aujourd'hui et demain. La dernière question qui traverse nombre de ces récits est celle de la maltraitance, de la violence et des abus. On voit entrer en scène des animaux qui font l'objet d'expérimentation en laboratoire, enfermés dans des cages ou dans des stabulations exiguës. Dans *Soupe au lait* (Garnier-Wenisch, 2020), l'auteur adopte le point de vue supposé d'un bœuf d'élevage intensif. Un animal entravé qui fulmine. Il n'en peut plus de sa condition. L'auteur suit le fil de sa colère et de ses pensées. Pour échapper à sa condition, le bœuf rêve d'aller visiter un musée, d'y voir les peintures de paysages évocateurs de liberté. *Soupe au lait* est issu du troisième appel à textes intitulé *Les meutes*. Il y a évidemment un jeu de mots quand on le prononce à l'oral. L'idée était d'interroger le corps collectif animal avec des motifs tels que la rage, la colère, la masse, la solidarité, la révolte ou l'aveuglement.

JSC : Le premier appel à textes s'intitulait « Géographies Animales ». La géographie et les lieux occupent-ils une place particulière dans les récits reçus en retour mais également dans les suivants ?

NG : En 2018, Animal Debout a, en effet, engagé son travail éditorial par un appel à textes sur la thématique géographique. Pensée en première instance à partir du schème de la rencontre, l'enquête parmi les récits et représentations convoquant la figure animale que représente cette collection est peut-être avant tout une histoire de lieux et d'espaces.

Se demander quels animaux ils sont et quels animaux nous sommes, interroger ce que les uns sont pour les autres ne se fait pas sans environnement, sans milieu, sans terre ou sans cieux. La question première étant alors peut-être : où sont les animaux ? Forêt et marécages, laboratoires et stations expérimentales, maisons bourgeoises et cités idéales : les récits retenus ont proposé une déambulation entre des sites hétérogènes, terrains d'interactions ou lignes de démarcation entre humains et bêtes. La mise en perspective d'imaginaires faisant place à l'animalité s'annonçait ainsi comme un moyen de mieux saisir, par le biais de la fiction, les mouvements qui s'opèrent entre humains et animaux : quêtes et confrontations, affrontements et collaborations, partages d'espaces et cloisonnements, rapprochements choisis et empiétements, opportunismes et exploitations.

JSC : Quelle place la ville occupe-t-elle dans les récits des *Fabuleux ZOOpuscules* ?

NG : La ville est explicitement évoquée dans deux récits d'anticipation : *La Meute* (Orazy, 2020) et *Les ruines volontaires* (Fichet, 2023). Ce sont des œuvres de science-fiction. Entre utopie et dystopie sont décrites des situations d'avenir dans lesquelles humains et animaux ne peuvent plus ou ont choisi de ne plus cohabiter, la séparation de leurs espaces de vie intervenant en miroir, pour les humains, de crises civilisationnelles qu'il s'agit de tenter de résoudre.

La Meute de Florian Orazy raconte ainsi l'histoire d'une fuite. Une femme, accompagnée par son chien, tente de survivre aux assauts d'une entité dont elle ignore la véritable nature, masse inexorable et composite qui finira par l'absorber et qu'elle nomme « la Meute ». L'histoire nous projette au crépuscule de la civilisation humaine, précipitée par un dérèglement climatique ultime qui aura fini par bouleverser, en retour, l'activité des humains. Victimes du chaos qu'ils ont eux-mêmes engendré, les humains sont chassés des villes par des nuées de corbeaux qui prennent l'apparence d'un fléau redresseur de torts.

Au fil de ce récit survivaliste se développe une réflexion sur ce que pourrait être un modèle de société qui fasse sens après que la civilisation humaine a asservi une grande partie du vivant. Le texte est ainsi construit en plusieurs temps : la chute, d'abord, de cette même civilisation qui a enclavé, détruit, séparé et compartimenté, qui a abusé des ressources et qui, ce faisant, s'est condamnée elle-même ; la chasse ensuite, celle de l'humain devenu proie et qui, au fil du récit, finit par perdre sa verticalité, comme si le film de l'évolution était passé à l'envers, créature à nouveau vulnérable face aux éléments ne pouvant espérer survivre sans réactiver ses sens, ni prêter attention aux signes que le paysage lui adresse; finalement la résolution: l'assimilation des fuyards par ce grand maelström du vivant qu'est la Meute, conglomérat d'êtres et d'espèces hétérogènes qu'elle associe au sein d'un même tout, avançant comme une grande marée effaçant l'arrière-pays, faisant pot commun des savoirs et des aptitudes dans un mouvement fusionnel. Au sein de la Meute, les expériences se valent et sont un enrichissement au service du vivant, sans hiérarchie ni anarchie, sorte de modèle de cohabitation ultime en un grand corps collectif.

Encadré 2: Extrait de *La Meute* et libellé de l'appel à texte dont il est issu

«*Quelques mois avant l'effondrement, les corbeaux ont envahi les villes. Personne ne comprenait comment leur nombre pouvait être si grand, comme s'ils étaient sortis soudain des entrailles de la terre. Nous étions en plein été, et il était devenu impossible d'ouvrir les fenêtres, même la nuit, à cause du volume et de la stridence de leurs cris. Tout a été tenté, sans succès, pour les chasser. Ils ne sont jamais partis. Finalement, c'est nous qui avons quitté les lieux*» (Orazy, 2020: 18).

«*En deux mots, les meutes. Pour questionner les rages groupées, les forces d'opposition, les masses qui font corps pour ou contre, au-delà des individus, par solidarité, colère, mais aussi parfois par mépris. Les hordes sauvages et les foules en délire, les instincts grégaires pour le meilleur et pour le pire. Les meutes aux mille dents, aux crocs menaçants, qui jaillissent pour faire reculer ou pour piétiner. Plus forts ou plus fous, loups solitaires et troupeaux en liesse, avec ou sans cri de ralliement. Les puissances sans langage, qui suivent les marées de volontés aveugles, dressées à l'instinct de survie. Les meutes.*»

Issu du troisième appel à textes: «Les meutes»

Au récit de la chute que constitue *La Meute* vient répondre une autre histoire, plus utopique que dystopique: *Les ruines volontaires*. L'auteur imagine cette fois que l'humanité, face aux crises écologiques et au possible effondrement, a pris la décision de renoncer à l'hégémonie territoriale et de céder de la place aux autres animaux. La ville devient le lieu de sociétés animales affranchies.

Dans ce récit d'Alexis Fichet, l'humain, conscient de ses tendances colonisatrices et de son pouvoir de nuisance, a fait amende honorable et déserté, volontairement, des espaces précédemment conquis et urbanisés. Une ville – Saint-Brieuc, en Bretagne – a ainsi été abandonnée par ses habitants humains. L'auteur imagine en son périmètre, dix ans plus tard, la réinstallation du sauvage. Le végétal d'abord, en poussées inexorables de plantes qui s'immiscent au fil des saisons dans les interstices d'un bâti en décomposition. Puis, pas à pas, la constitution de nouveaux biotopes qui, d'insectes en rongeurs et de rongeurs en prédateurs moyens, réinstallent une vie soumise aux cycles des saisons, des copulations, des mises bas et des prédations. Au sein de la ville abandonnée, dans les rues, sur les toits et dans les bâtiments, lapins, loups, serpents et mêmes singes se distribuent les espaces en une dynamique vitale faite de naissances et de morts. Théâtre, halles centrales, cathédrale, préfecture et stade deviennent les montagnes, les terriers et les plaines de ces animaux redevenus rois. Aux fonctionnalités des bâtiments désignées par l'activité humaine (administration, spiritualité, sport) succède l'usage qu'en font les animaux pour se nourrir, se protéger, s'isoler, se regrouper et se reproduire. En sous-texte de cette fiction qui imagine un futur, pourrait-on dire, à rebours – dans lequel l'humain aurait su renoncer à tout voir, à tout connaître et à tout contrôler – le modèle déjà activé des réserves de vie sauvage et du réensauvagement.

Encadré 3 : Extrait de *Les ruines volontaires* et libellé de l'appel à texte dont il est issu

« *Voilà dix ans que nous avons quitté la ville.* […] *C'est aujourd'hui une magnifique réserve de vide et de mystère. Nous ne savons rien de la façon dont la vie s'organise sur nos ruines. Nous ne savons rien, et ce mystère nous fait du bien, nous inspire, nous allège. Nous avons réussi à ne pas être partout.* » (Fichet, 2023 : 14)

« *Ce 5e appel à textes proposait d'interroger à la fois le geste qui consiste à aller chercher de l'information et des connaissances sur l'animal en allant sur son terrain que le type d'image que cet exercice produit* »

Issu du cinquième appel à textes : « Documentaire animalier »

Dans ces deux récits, l'imaginaire des relations entre humains, animaux sauvages et espaces urbains se met en place dans un contexte futuriste de délitement social, charriant son lot de ruines et de sursauts violents. Conséquence de l'éclatement des sociétés humaines : un effacement progressif de la ville au profit de territoires hybrides réinvestis par les faunes et les flores sauvages.

Jamais absolument hermétiques, les frontières entre terres sauvages et milieux urbains se font plus poreuses, ceci à mesure que la fourmilière humaine avale du terrain et s'installe à l'endroit des bois, des prairies et des terriers. Sans être chaque fois ostensible ni spectaculaire, cette migration progressive est un motif privilégié pour la littérature. Ainsi, délogés de leurs habitats, contraints dans leurs mouvements par la mise en clôtures des campagnes, en quête de sources renouvelées de nourriture, les animaux sauvages arrivent en ville.

Pour moi, ces deux récits de science-fiction prennent à bras-le-corps les questions du futur possible et se permettent d'investir les porosités entre humains et animaux.

JSC : Le troisième récit issu de « Documentaire animalier », dernier appel à texte des *Fabuleux ZOOpuscules* semble d'un autre ordre. Ce n'est pas un récit d'anticipation et la ville n'y est pas explicitement évoquée. Pourquoi l'associez-vous à la ville ?

NG : Dans *Les Dimanches, surtout*, la ville n'est, en effet, pas abordée en tant que telle mais au travers d'un lieu urbain emblématique de mise en scène de la domination humaine sur l'animal sauvage : le parc zoologique. Si, depuis le XIXe siècle, la scénographie des zoos a bien entendu évolué, l'image d'individus encagés contraints à l'exhibition prend en charge, dans la fiction, une grande partie de l'imaginaire les concernant : entreprise de grand divertissement, le zoo urbain a apporté au cœur des villes la bête sauvage dont on admire le corps et les allures étranges, aux horaires d'ouverture.

Anouch Paré met en scène, dans l'espace du zoo, une créature dont la nature est ambiguë : humaine ou non humaine, le texte ne le dit pas mais ce qu'il dit c'est l'exposition forcée et l'impudeur, l'objectivation de l'être qui disparaît derrière son corps mesuré, comparé, exhibé pour satisfaire des envies d'exotisme. Derrière les barreaux de sa cage, la créature semble pourtant avoir choisi son enfermement, comme un renoncement aux vicissitudes de l'existence et à ses inévitables déceptions. Servitude volontaire donc, aliénation aussi, comme la dénaturation de celui ou de celle qui peut avoir livré son corps tandis que son esprit a abdiqué.

Anouch Paré m'a raconté une anecdote qui lui est arrivée et qui a peut-être inspiré cette fiction. Elle va souvent visiter les parcs zoologiques dans les villes qu'elle parcourt. À Rio, elle se promène avec sa fille. Devant la cage des chimpanzés, elle lui tient la main. Une femelle, la regarde puis va chercher son petit en la prenant, elle aussi, par la main. Mères et enfants, femelles et progénitures se font face dans une même attitude de part et d'autre de la grille.

Encadré 4 : Extrait de *Les Dimanches, surtout*

« *Je suis, je crois, une grande attraction depuis qu'on m'a installée ici, avec mon lit. Numéro deux après les grands fauves.* » (Pare, 2023 : 10)

Issu du cinquième appel à textes : « Documentaire animalier »

Les Dimanches, surtout fait pour moi écho à certaines œuvres d'anticipation qui mettent pareillement en scène des espaces de contrôle et d'emprise sur les corps animaux au sein de la ville. Au-delà du zoo, je pense au laboratoire. Dans *Docteur Rat*, roman corrosif de l'écrivain américain William Kotzwinkle paru en 1976, un rat de laboratoire rendu fou par les expérimentations auxquelles l'ont soumis les scientifiques, se sent investi d'une mission : rallier à la cause des humains les animaux embarqués avec lui dans la même galère.

Aux enfermements et autres expérimentations violentes que cette histoire scénarise viennent répondre des pertes de contrôle, des débordements et des révoltes animales. Ainsi Docteur Rat, traître à la cause, devra faire face à un véritable soulèvement du sauvage. Par-delà les murs du laboratoire, les animaux entendent l'appel sur toute la surface du globe. Le Grand Rassemblement s'organise. Les animaux quittent les jungles, les marais, les forêts et les zoos, traversent les villes, portés par l'espoir d'une fraternité retrouvée et la vision que tou·te·s, y compris l'humain, ne sont que différentes incarnations d'une même créature, l'Animal Unique. Sourds à l'appel, les humains ne voient pourtant que champs dévastés, trafics perturbés et prototypes échappés. C'est alors l'armée qui riposte, à grand renfort d'avions et de blindés.

JSC : Pensez-vous à d'autres romans de science-fiction qui font écho à ces trois *ZOOpuscules* et qui vous ont inspirés pour les appels à textes ?

NG : Oui, je pense en particulier à *L'animal découronné* de John Crowley (1981) qui met en scène une séparation des espaces entre humains et non-humains dans une épopée philosophique qui interroge la possibilité d'une cohabitation entre espèces, les luttes de pouvoir, le lien social et la préservation du vivant.

Au terme d'une guerre civile, la nation américaine s'est disloquée. Dix grands États autonomes et quelques cités indépendantes vivent désormais selon leurs propres termes. Cette dislocation politique, menace pour la paix des humains, produit a contrario un relâchement de la pression auparavant mise sur la faune et l'environnement. Ainsi, dans les ruines d'une gouvernance centralisée, au cœur de villes aux murs délabrés, la végétation est folle et exubérante. Mais dans ces sites urbains qui souffrent de pénuries, les humains sont pour la plupart des mendiant·e·s au regard farouche dont les animaux sauvages se méfient. L'affaire n'est donc pas réglée et d'autres options sont avancées. Comme celle de la Montagne, structure écologique de 300 mètres de haut sur 800 mètres de large conçue comme une retraite pour les humains par Isidore Candy, architecte utopiste. Sorte de cathédrale en bord de mer, la Montagne a réduit l'emprise humaine au sol, fonctionne à l'économie d'énergie et de vivres et s'apparente à une communauté religieuse retirée du monde pour le bien de la Terre.

Une autre inspiration pour moi est *City*, recueil de huit nouvelles écrites par l'auteur américain Clifford D. Simak (1952). Paru en France sous le titre *Demain les chiens*, l'ensemble tentait, au sortir de la Seconde Guerre mondiale, de projeter des temps meilleurs pour la planète. Désabusé, l'auteur imaginait, sur plusieurs millénaires, la mise en place d'une relève plus vertueuse au règne des humains : la civilisation canine. Aux horizons des années 12000, les chiens sont en charge de la Terre. La nouvelle Cité qui ouvre le recueil dessine une cartographie du monde comportant certaines similitudes avec le tableau peint par John Crowley dans *L'animal découronné*. Comme son compatriote, Clifford D. Simak imagine, au début des années 1990, une société humaine disloquée et des villes dépeuplées, envahies d'herbes folles. Dans les deux cas, les instances gouvernantes ont perdu leur légitimité et les humains vivent désunis, selon des lois tribales chez Crowley, repliés sur leurs cellules familiales chez Simak. Mais, dans *Demain les chiens*, ce n'est pas la guerre civile qui a conduit à la désintégration de la cité, mais la conjonction de deux progrès technologiques : la maîtrise de l'énergie nucléaire, qui a permis la création de moyens de transport privés ultra-performants (avions, hélicoptères) et le développement de cultures hydroponiques en réservoirs, qui a libéré les champs de leur fonction nourricière. Dévaluées, les terres rurales se transforment en grands domaines dans lesquels les hommes vivent comme des seigneurs, assistés de robots androïdes, et bientôt agoraphobes. Sans plus de nécessité économique, les humains ne se rassemblent plus et les villes disparaissent.

JSC: Ces imaginaires du futur ne sont-ils pas tous désespérants? N'y a-t-il pas d'autres récits d'anticipation possibles? D'autres visions de la ville et des relations humains-animaux qui vous inspirent?

NG: Oui, bien sûr! Par exemple chez Damasio. Chez cet auteur, dystopie et utopie se mêlent. Dans *Les Furtifs*, paru en 2019, il imagine des espaces et des individus urbains sauvés de la nécrose par la ré-inclusion d'animaux vifs et sauvages, pointeurs d'autres modèles pour le vivant. Il situe son action en 2040, futur proche dans lequel l'auteur imagine des paysages urbains entièrement redessinés par un libéralisme outré et sur-technologisé, désormais seul maître à bord. Rachetées par des grands groupes (LVHM, Orange, etc.), les villes privatisées opèrent une division sociale systématique, tandis que la circulation dans leurs différents espaces est soumise à une logique de forfaits. Ainsi un individu «standard» ne peut-il accéder à un quartier «premium», et encore moins à une zone «privilège», pouvoir d'achat et liberté de circulation étant désormais pleinement corrélés. Outil d'application du système, la bague que chacun porte au doigt fournit des *datas* aux propriétaires des villes et propose aux individus bagués des produits adaptés à leurs désirs. Moins âpre en apparence que la société totalitaire du *1984* de Georges Orwell, la ville projetée par Alain Damasio n'en reflète pas moins une communauté humaine disloquée dans laquelle des individus plus ou moins repus végètent dans leurs «technococons». Dans ces villes-dortoirs, qui ont réservé les parcs et autres espaces végétalisés à des usages privilégiés, nichent cependant des créatures qui échappent au contrôle biométrique, bientôt symboles d'un vivant qui résiste. Invisibles, les «furtifs» sont des êtres de fuite en perpétuelle mutation, sans cesse recomposés à partir d'éléments artificiels et naturels qu'ils empruntent aux espaces qu'ils traversent. Pour l'Armée, les furtifs sont une arme potentielle dont l'ingénierie guerrière gagnerait à saisir les pouvoirs. Quoi de plus efficace, en effet, qu'un être pouvant défier tous les systèmes de détection possibles? Mais les furtifs inspirent également les mouvances libertaires qui agissent en ville pour rouvrir ses espaces et refaire de tou·te·s des citoyen·ne·s. Ainsi «La Traverse», groupe «d'anarchitectes» qui font naître des habitats «*partout où ça s'insère rapidement*»[2] (en bordure de squares, sous un pont, dans une friche) ou encore «La Céleste» qui crée des parcours au-dessus du sol avec des ponts de singe et des tyroliennes, pour une circulation à vol d'oiseau en dehors du panoptique numérique.

Annoncée comme une menace potentielle par le pouvoir en place, qui l'assimile à une altérité invasive et non contrôlable, la présence furtive est au contraire accueillie comme un modèle d'émancipation par ces groupes qui veulent vivre la ville avec l'inventivité et la créativité des enfants. Les «origanids» et les «entres» des furtifs, terriers labyrinthiques composés de matériaux hétérogènes

---

[2] P. 296.

puisés dans l'environnement, sont un modèle de métabolisation, concept cher à Damasio, principe même d'une vitalité à défendre.

Ainsi se mettent en place des «ZOUAVES» (Zones où apprivoiser le vivant ensemble), habitées par des collectifs qui n'oublient pas que la réouverture des espaces de vie et la reconstruction du lien social passent d'abord par un réinvestissement de la sensibilité. Pour saisir la présence des furtifs, qui vivent dans les angles morts, il faut se mettre à l'écoute. Ainsi peut-on espérer entrer en résonance avec leur «frisson», signature sonore qui intervient en soubassement d'improvisations assimilées à du jazz expérimental ou de la musique concrète.

«*Chasser un furtif, c'est d'abord entrer dans l'Ouvert*»[3], dit un des personnages au début du roman. D'abord pensée comme une traque, la quête des furtifs s'éloigne petit à petit de l'appropriation prédatrice pour se transformer en une leçon de vie. Envisagés comme de possibles LUCA (Last Universal Common Ancestor), les furtifs sont un appel à ce qu'Alain Damasio nomme dans une autre de ces publications (2022) «cette ancestralité du vivant en nous», théorisée dans le roman par Varech, personnage inspiré à l'auteur par le philosophe Baptiste Morizot: «*Pour lui, nous sommes un feuilleté de capacités animales, toutes coprésentes en nous et que nous sollicitons sans cesse.*»[4]

Ouverts à la proposition furtive, les individus en révolte du roman de Damasio reconnaissent cette définition et acceptent d'entrer dans ce que je qualifierais de «dimension animale», traversés alors par le «souffle» ou encore «le principe vital», qui constitue l'anima en latin. Accueillant l'altérité comme une possibilité de transformation positive, ils se prêtent à des mutations qui les bousculent jusque dans le langage et redessinent une cosmologie de la porosité[5].

JSC: L'impression générale est que la ville a toujours le mauvais rôle: lieu d'affrontements sanglants, de séparations spatiales, de violences sur les corps animaux. La fiction ne peut-elle nous inspirer pour composer avec les animaux un monde urbain moins dystopique?

NG: Aux pires des issues imaginées s'opposent pour moi des scénarios alternatifs – parfois logés au sein des mêmes histoires – qui envisagent la possibilité de cohabitations urbaines vertueuses entre humains et animaux. Plus que vertueuses, vitales, pour les humains eux-mêmes, tandis qu'ils et elles pâtissent également d'une tendance à la destruction et à la dénaturation. Resurgissant au cœur d'espaces qui leur ont d'abord été refusés, pour lesquels ils ne sont a priori pas faits, les animaux sauvages dérangent les habitus et les habitats, faisant alors figure de remède plutôt que de fléau. Il me semble que c'est clairement le cas dans *La Meute*. Ainsi en est-il d'histoires qui pointent l'animal comme l'avenir de l'humain, imaginant de nouvelles alliances pour le vivant.

---

[3] P. 42.

[4] P. 506.

[5] Cette porosité est notamment décrite par Jean-Christophe Bailly dans *Le Versant animal* (2007): «*Il n'y a pas de règne, ni de l'homme ni de la bête, mais seulement des passages, des souverainetés furtives, des occasions, des fuites, des rencontres*» (p. 12).

Dans un registre plus classique et plus ancien, *Le Pigeon* de Patrick Süskind (1987), entre pour moi dans cette catégorie. Après une enfance brutale, sur fond de Seconde Guerre mondiale et de déportation, Jonathan Noël a fait de la monotonie et de la prévisibilité ses règles d'or. Ainsi répète-t-il chaque jour un même schéma d'activités, heureux d'une vie sans saillance existentielle. Or, un matin, tandis qu'il s'apprête à quitter sa chambre, Jonathan est confronté à un impromptu sauvage, qui va d'abord le terrifier : un pigeon.

L'homme, face à la bête qui s'est invitée dans ses quartiers, perd pied, extrapolant de manière névrotique les conséquences possiblement néfastes de cette apparition animale effrontée.

Encadré 5 : Extrait du *Pigeon*

« [...] *jamais, dans une maison habitée par un pigeon, un homme ne saurait continuer à vivre, un pigeon c'est le chaos et l'anarchie en personne* [...] *ça ne reste pas seul, un pigeon, ça en attire d'autres, ça s'accouple et ça se reproduit à une vitesse folle, tu vas être assiégé par une armée de pigeons, tu ne pourras plus quitter ta chambre, tu mourras de faim, tu seras asphyxié par tes excréments, tu seras forcé de te jeter par la fenêtre et tu iras te fracasser sur le trottoir* [...] *Oh, Jonathan, Jonathan, ta situation est désespérée, tu es perdu, Jonathan !* » (Suskind, 1987 : 17)

Mais, amorcé par ce choc initial, le récit de Süskind est aussi celui d'un retour à la vie.

Passé dans son espace intime, l'animal a rendu caduque la digue qui préservait Jonathan des stimuli surnuméraires du monde extérieur. Au terme d'une crise existentielle qui a failli le laisser K.O, il rentre chez lui, au petit matin, après l'orage, prêt à affronter ses peurs, sautant dans les flaques d'eau, observant un chat qui se faufile dans la rue, attentif au chant des merles. Lorsqu'il arrive dans le couloir qui mène à sa chambre, le pigeon a disparu.

Je pense aussi à *Gros Câlin* (Gary, 1974) dont l'histoire propose une équation quasiment identique à celle du pigeon : un homme, Michel Cousin, célibataire de trente-sept ans, partage sa vie entre son appartement parisien et les locaux de l'entreprise qui l'emploie comme statisticien. Dans un Paris qui les ignore, les deux hommes connaissent tous deux la solitude : recherchée par Jonathan Noël, elle est cependant une peine pour Cousin et tout le roman dit cette quête de l'autre. L'homme vit avec un python de 2,4 mètres, ramené d'Afrique et qu'il a nommé « Gros Câlin ».

Au-delà de la quête affective individuelle, le nom du personnage, Cousin, dit la volonté de repenser les barrières imaginées trop figées de l'évolution et la nécessité de se rejoindre en tant que membres d'une même famille animale. C'est ainsi qu'au fil du récit, l'homme s'hybride, entrant parfois lui-même dans la peau du serpent, pensant par circonvolutions. Ce glissement d'espèces, non définitif et non absolu, pointe pour moi un « devenir-animal » pour reprendre l'expression de Deleuze et Guattari (1980) qui permet la métamorphose de soi et préserve la vitalité. Empruntant un corps plus coulant que le sien, Cousin remobilise ses capacités d'adaptation et échappe au terrassement qu'aurait pu provoquer chez lui une déception amoureuse.

Dans *Le Pigeon* et dans *Gros Câlin*, les animaux sauvages dépassent les bornes, ouvrant, en retour, de nouvelles voies d'existence pour les habitant·e·s des villes.

JSC : Finalement, toutes ces œuvres qui interrogent les devenirs des relations humains-animaux en ville ont-elles quelque chose en commun et que nous disent-elles de l'imaginaire urbain ?

NG : Pour moi, elles ont en commun d'inscrire les scènes de cohabitations urbaines entre humains et animaux sauvages dans un contexte de crises : crises sociales et politiques, crises environnementales et climatiques, crises identitaires et même crises d'angoisse. Entre écriture spéculative et poétique de l'intime, ces auteurs posent des équations et tentent, face aux défis et prises de conscience propres à leur époque, d'imaginer ce que seraient des mondes qui donneraient pleinement droit de cité aux animaux, sauvages ou non. Récits de mutations, de transformations, de déplacements et de révoltes, les histoires en question pointent, face aux apories civilisationnelles incarnées par des villes atomisées, le caractère vertueux d'une juste considération des altérités animales. « *Contrairement à la ville qui se veut comme le maître de la nature, la cité s'en fait l'élève* », nous dit la philosophe Joëlle Zask dans son essai *Zoocities* (2020) opposant la ville contemporaine, forteresse antidémocratique, à la cité, ouverte, favorisant la communication, la circulation, la pluralité. Participant d'un « réveil des imaginaires » tel qu'appelé par Alain Damasio et l'équipe rédactionnelle de la revue *Socialter* au printemps 2020, ces fictions se font force d'envisager, face aux déclins et aux effondrements, des possibilités d'apprendre à composer des mondes plus vifs, avec les animaux.

JSC : Nathalie Georges, je vous remercie !

Bibliographie

Abram David, 2013 : *Comment la terre s'est tue. Pour une écologie des sens*, Paris, La Découverte, traduction de Didier Demorcy et Isabelle Stengers.

Bailly Jean-Christophe, 2007 : *Le versant animal*, Paris, Bayard.

Crowley John, 1981 [1976] : *L'animal découronné*, Paris, Laffont, traduction de Patrick Berthon.

Damasio Alain (éd.), 2020 : « Le réveil des imaginaires ». *Socialter* 8, https://www.decitre.fr/revues/socialter-3663322105395.html.

Damasio Alain, 2021 [2019] : *Les furtifs*, Paris, Gallimard, collection Folio SF.

Derrida Jacques (2006) : *L'animal que donc je suis*, Paris, Galilée.

Deleuze Gilles et Guattari Félix, 1980 : *Mille Plateaux* (*MP*), Paris, Minuit, 284-381.

Fichet Alexandre, 2023 : *Les ruines volontaires*, Rennes, Animal Debout (collection *Fabuleux ZOOpuscules* n° 12).

Garnier-Wenisch Robin, 2020: *Soupe au lait, Rennes*, Animal Debout (collection *Fabuleux ZOOpuscules* n° 6).

Gary Romain, 1974: *Gros-câlin*, Paris, Mercure de France.

Giono Jean, 1971: «La Grande Barrière», *Solitude de la pitié* [1932], in: *Œuvres romanesques complètes*, I, Paris, Gallimard, Bibliothèque de la Pléiade.

Kotzwinkle William, 2015 [1976]: *Docteur Rat*, Paris, Cambourakis, traduction de Michel et Jacqueline Lederer.

Morizot Baptiste, 2020: *Manières d'être vivant*, Arles, Actes Sud (collection Mondes Sauvages).

Orazy Florian, 2020: *La Meute*, Rennes, Animal Debout (collection *Fabuleux ZOOpuscules* n° 3).

Paré Anouch, 2023: *Les Dimanches, surtout*, Rennes, Animal Debout (collection *Fabuleux ZOOpuscules* n° 13).

Simak Clifford D., 2000 [1952]: *Demain les chiens*, Paris, J'ai Lu.

Simon Anne, 2021: *Une bête entre les lignes. Essai de zoopoétique*, Marseille, Wildproject.

Suskind Patrick, 1987: *Le pigeon*, Paris, Fayard.

Uexkull Jakob von, 2010 [1934]: *Milieu animal et milieu humain*, Paris, Rivages, 2010.

Zask Joëlle, 2020: *Zoocities. Des animaux sauvages dans les villes*, Paris, Premier Parallèle.

Urban Imaginations of *Fabulous ZOOpuscules*. Interview with Nathalie Georges, Director of the Animal Debout Publishing House

The relationship between humans and animals is at the heart of the Fabuleux ZOOpuscules *editorial project, to which this interview is dedicated. Two of the short stories sketch the outlines of an urban world where animals have conquered the city, while a third is set in an urban place where bodies are exhibited—the zoo. Dystopia and urban utopia are never far away, as the literary sources that inspired Nathalie Georges underline.*

Keywords*: urban areas, animals, publishing house, fiction.*

Urbanes imaginär in den *Fabuleux ZOOpuscules*. Interview mit Nathalie Georges, Direktorin des Verlagshauses Animal Debout

Die Beziehung zwischen Menschen und Tieren steht im Mittelpunkt des Verlagsprojekts Fabuleux ZOOpuscules, *dem dieses Interview gewidmet ist. Zwei der Kurzgeschichten skizzieren die Grundzüge einer urbanen Welt, in der Tiere die Stadt erobert haben, während eine dritte in einem städtischen Ort stattfindet, wo Körper ausgestellt sind, bzw. im Zoo. Urbane Dystopie und Utopie sind nie weit entfernt, wie es die literarischen Werke, die Nathalie Georges inspiriert haben, unterstreichen.*

Stichworte*: Städtische Gebiete, Tiere, Verlag, Belletristik.*

CONTRIBUTION HORS THÈME

Les mobilisations cyclistes à Santiago du Chili et Lima : des revendications pour une justice mobilitaire

Matthieu Gillot, Patrick Rérat
Observatoire universitaire du vélo et des mobilités actives et Institut de géographie et durabilité, Université de Lausanne
Matthieu.gillot@unil.ch, Patrick.rerat@unil.ch

Résumé

À Lima (Pérou) et Santiago (Chili), des collectifs cyclistes appellent à reconnaître le vélo comme moyen de transport à part entière. Leurs revendications sont toutefois plus larges et portent également sur des questions politiques, environnementales et féministes. En utilisant le prisme du concept de justice mobilitaire, l'analyse montre que ces revendications renvoient à plusieurs crises de mobilité, aux inégalités dans la possibilité de se déplacer (en fonction de la classe sociale, du genre, de l'orientation sexuelle, de l'origine nationale ou du mode de transport) et aux structures qui les perpétuent (système politique, économie néolibérale, patriarcat, système automobile). Au-delà des spécificités locales et nationale, le vélo apparaît comme un mode de déplacement résilient dans les crises traversées par ces deux capitales latino-américaines. En cristallisant des revendications plurielles, il est utilisé comme vecteur de changement systémique par ces mouvements.

***Mots-clés** : vélo, mouvement social, justice mobilitaire, Santiago du Chili, Lima.*

Introduction

À Lima (Pérou) et Santiago (Chili), des collectifs cyclistes se mobilisent en nombre depuis plusieurs années. Quelques jours après l'éclatement de la crise sociale chilienne en octobre 2019, des milliers de cyclistes affluent vers la place Baquedano à Santiago sous le nom de *Revolución ciclista nacional*. Cette première révolution cycliste, rebaptisée *Revolución ciclista plurinacional* (RCP), est suivie

DOI: 10.33055/GEOREGARDS.2023.016.161

par de nombreuses autres. À Lima, les manifestations politiques de grande ampleur sont moins fréquentes. Néanmoins, en novembre 2020, des milliers de cyclistes rejoignent la contestation contre le président Merino.

Ces collectifs revendiquent la place du vélo en ville dans la lignée du mouvement global des *Critical Mass*. Lors de ces dernières, des cyclistes circulent en groupe, généralement le dernier vendredi du mois, et revendiquent leur droit à la ville (Lefebvre, 1974) et de pouvoir se déplacer en sécurité. Né à San Francisco en 1992, ce type de manifestation s'est ensuite diffusé à travers le monde avec pour slogan « Nous ne bloquons pas le trafic, nous sommes le trafic ».

Les revendications des collectifs de Lima et de Santiago dépassent toutefois l'activisme cycliste et portent sur des questions politiques, environnementales et féministes. Cet article les analyse avec le prisme de la justice mobilitaire (Sheller, 2018). Sur la base d'observations de terrain, de matériaux visuels (affiches) et d'entretiens, il montre comment le vélo est considéré comme vecteur d'un changement.

Discussion théorique : mouvements sociaux et justice mobilitaire

Pour Manuel Castells (1983), théoricien influent de l'étude des mouvements sociaux, ces derniers se distinguent par leur orientation « par le bas », une organisation non hiérarchique, une distance ou non-implication quant à la politique officielle, et l'accent sur l'action directe et la protestation. Il identifie trois types d'objectifs : la défense des droits (notamment des minorités de genre, d'orientation sexuelle, etc.), la défense de l'identité territoriale (comme dans les mobilisations contre la gentrification) et la consommation collective (fourniture par l'État de services, logements, infrastructures, etc.). La ville, lieu central de rassemblement, offre une scène pour les activités de protestation.

Les mouvements sociaux ont une longue tradition en Amérique latine. Dans les années 1970, mais surtout depuis les années 1980, apparaissent des vagues massives de mobilisation (Murga Frassinetti, 2006). Dans un premier temps, ces luttes émergent dans les quartiers pauvres. Dans un deuxième temps, des mouvements remettent en cause les régimes militaires et exigent un nouvel ordre démocratique (Murga Frassinetti, 2006).

Les mobilisations cyclistes, plus récentes, renvoient à la troisième catégorie de Castells (la consommation collective) : elles revendiquent le droit à la ville des cyclistes et la prise en compte de leurs besoins, notamment en matière d'infrastructures cyclables. À Santiago, l'association *Ciudad Viva* joue un rôle majeur dans la lutte contre la construction d'autoroutes urbaines et dans des premières campagnes de promotion du vélo à la fin des années 1990 (Sagaris, 2019). Le *Movimiento furiosos ciclistas* (Mouvement furieux des cyclistes), apparaît quant à lui en 1995, alors que les collectifs cyclistes de Lima sont créés au début des années 2000 (les sorties en groupe étaient jusque-là davantage à but sportif). *Cicloaxion*, l'un des plus anciens, organise des événements depuis 2007. Il a été rejoint ces dernières années par des collectifs aux revendications cyclistes (ex. : *Bicicommuters*) mais également tournés vers des questions environnementales (ex. : *Sostenibles*) ou féministes (ex. : *Cicleando en Lima, Ciclolibres*)[1].

---

[1] Dans les deux pays, la majorité de la population et des cyclistes sont concentrés dans la capitale. Ce constat se retrouve dans le reste de l'Amérique latine. Des *Critical Mass* sont par exemple

Le vélo en tant que mode de transport et loisir s'est largement répandu au cours de la première moitié du XXe siècle, du moins dans les pays du Nord. La bicyclette a longtemps été utilisée comme un outil de protestation, de sensibilisation et d'expression de causes sociales et politiques. C'est le cas par exemple des mouvements réclamant la reconnaissance des droits de femmes à la fin du XIXe et au début du XXe siècle (MUNDLER et RÉRAT, 2018).

Avec l'essor de la voiture et de la motorisation de masse après la Seconde Guerre mondiale, la planification des villes et des transports rationalisent l'espace pour la circulation automobile et marginalisent les autres modes et en particulier la marche et le vélo (KOGLIN et RYE, 2014). L'automobile constitue un système dominant tant dans l'espace, les normes sociales que les priorités politiques (URRY, 2004; FURNESS, 2007). Dans les années 1970, revendications cyclistes et luttes environnementales convergent: le vélo fait figure de mode de déplacement frugal, loin des excès de la société de consommation (HÉRAN, 2015).

La mesure dans laquelle le vélo peut être considéré comme politique dépend toutefois du contexte, des normes sociales et des structures économiques dans lesquelles la mobilité est ancrée (COX, 2015, 175). Des cultures différentes attachent des significations très variables à des objets similaires, et ces significations peuvent également changer dans le temps (HORTON, 2006a, 2006b).

Les mobilisations de Santiago et Lima s'apparentent aux *Critical Mass* qui ont pour objectif de rendre les cyclistes visibles sur la route comme dans la sphère médiatique et politique (FURNESS, 2010). Les *Critical Mass* revendiquent le droit des cyclistes de circuler en sécurité et révèlent temporairement à quoi ressemblerait un autre partage de l'espace urbain (HORTON, 2006a).

Les mobilisations étudiées utilisent toutefois le vélo comme véhicule de revendications plurielles. Nous analysons cette pluralité avec le concept de justice mobilitaire développé par Mimi Sheller (2018). Ce concept part du principe que la mobilité et sa capacité à la maîtriser sont fondamentales et que les restrictions en la matière sont sources de nombreuses inégalités. Sheller identifie plus précisément une triple crise opérant à plusieurs échelles – du corps à la planète en passant par la rue, la ville, la nation – et qui renvoie à différentes formes de mobilité: la crise urbaine (inégalités d'accès aux transports et aménités), la crise environnementale (pollutions, émissions de CO_2, etc.) et la crise migratoire (mouvements de populations, renforcement des frontières, etc.). Nous recourons au concept de justice mobilitaire pour identifier les crises de mobilités dénoncées par les mouvements cyclistes de Lima et Santiago, les inégalités dans la possibilité de se déplacer et les structures qui les perpétuent.

organisées à Quito (Équateur) ou LaPaz (Bolivie). Ces collectifs sont en relation sur les réseaux sociaux et se retrouvent lors de forums annuels. Bogotà (Colombie) est la ville la plus ambitieuse dans le domaine de la promotion du vélo quand bien même les infrastructures cyclables y sont encore lacunaires. Dans les régions rurales, le vélo est surtout utilisé par les paysans. La Colombie fait exception avec la popularité du cycliste sportif alimentée par les bons résultats de ses ressortissants sur les grands tours professionnels.

Démarche de recherche

Contextes territoriaux

Lima et Santiago comptent chacune huit millions d'habitants avec un étalement urbain plus marqué de la capitale péruvienne (2 672 km² contre 839 km²). Les services et emplois sont concentrés dans leur cœur (ainsi que dans le nord-est aisé à Santiago). Cette répartition inégale et le coût des transports engendrent d'importantes difficultés pour la mobilité quotidienne.

La part modale du vélo est minoritaire mais en croissance. À Santiago, le vélo représente 1 % des déplacements en 2000 et 4-5 % en 2014 selon le secrétariat des transports (SECTRA). À Lima, cette part stagne à un bas niveau (1,5 % en 2018 selon *Lima Como vamos*, un observatoire urbain) avant de connaître un bond à 4 % avec la pandémie. Le vélo est de moins en moins perçu comme le moyen de transport des pauvres et devient un objet à la mode du moins dans son usage récréatif. La colline San Cristóbal surplombant Santiago et les bords de mer de Lima attirent de nombreux cyclistes l'été. Sur le modèle des *ciclorecreovia* de Bogotá, des rues sont fermées le dimanche à la circulation automobile. Les aménagements cyclables permanents ne suivent toutefois pas cet engouement.

Le Chili et le Pérou sont les deux pays les plus prospères d'Amérique latine en raison de l'industrie minière (11 % de leur PIB selon l'OCDE). Les richesses toutefois sont réparties de manière très inégalitaire et les services (eau, transports, éducation, retraites) sont difficiles d'accès en raison de leur privatisation sous les dictatures de Pinochet et Fujimori. Ces inégalités expliquent l'apparition de mouvements de contestation.

À Santiago, la hausse du billet de métro provoque une importante crise sociale le 18 octobre 2019. Des étudiants se mobilisent sous le slogan « *Evadir, no pagar, otra forma de luchar* » (Fuir, ne pas payer, une autre façon de lutter). Des milliers de manifestants convergent vers la place d'Italie, lieu symbolique de la révolte situé entre quartiers riches et pauvres et rebaptisés place de la Dignité. Des collectifs cyclistes rejoignent la contestation en lançant le 27 octobre la « Révolution cycliste ». L'engouement de cette première édition 35 000 participants – encourage la création d'autres collectifs dans les trente-quatre communes de Santiago (à l'exception des trois plus aisées). Des rassemblements cyclistes (*cicletadas*) ont lieu de manière quasi quotidienne avant la pandémie et la RCP fait des émules dans d'autres villes. Le référendum sur une nouvelle constitution concédé par le gouvernement et l'acceptation du vote (78 %) en octobre 2020 diminuent l'intensité de la contestation.

Au Pérou, les mobilisations politiques sont de manière générale nettement moins présentes qu'au Chili. Selon nos interlocuteurs (voir ci-dessous), cette différence s'explique par la répression lors de la dictature de Fujimori dans les années 1990 et par une culture politique différente de celle du Chili (il n'y a par exemple pas eu de président de gauche démocratiquement élu comme Allende)[2]. Des mobilisations se forment néanmoins depuis les années 2010 contre les inégalités sociales et contre des projets menaçant l'environnement (Durand Guevara, 2014). En

---

[2] Président du Chili de 1970 jusqu'à sa mort le 11 septembre 1973, jour du coup d'État du général Pinochet.

novembre 2020, un mouvement contre le président Merino est déclenché par les jeunes – la « génération du bicentenaire » en référence à l'indépendance du Pérou. Les collectifs cyclistes cités ci-dessus ont rejoint la contestation nationale.

Méthodes

L'analyse s'étend d'octobre 2019 (début de la crise sociale chilienne) jusqu'à fin 2021. Le premier auteur a réalisé, au début de cette période à Santiago et en été 2021 à Lima, des observations, vidéos et photos afin d'identifier les messages et supports de revendications. En dehors de ces périodes, les collectifs ont été suivis via les réseaux sociaux – et notamment Facebook – où ils sont très actifs.

Le matériel visuel de ces mouvements (flyers, pancartes, banderoles, etc.) a été inventorié et les éléments significatifs (composition, couleurs, messages, symboles, etc.) analysés en s'inspirant des méthodes visuelles, soit l'étude et l'interprétation de la production, de la forme, du contenu et des destinataires d'images, de photographies et autres supports (Rose, 2016). En utilisant le concept de justice mobilitaire comme grille de lecture, quatre familles de revendications ont été identifiées : cyclistes, politiques, environnementales, féministes. Elles ont ensuite été étudiées en fonction de leurs dimensions mobilitaire, de l'échelle, des inégalités dénoncées et des spécificités des mouvements cyclistes. Une sélection emblématique du matériel visuel est présentée ici.

Les interprétations se basent également sur la participation à des *cabildos*[3] de collectifs cyclistes à Santiago et des entretiens avec des activistes – à qui nous avons garanti l'anonymat – sur les aspects organisationnels et les revendications. Nous avons interrogé à Santiago le porte-parole de la RCP sur les réseaux sociaux (entretien 1), la directrice d'une association de promotion du vélo (entretien 2), une membre de plusieurs ONG cyclistes (entretien 3) et une activiste cycliste féministe (entretien 4). À Lima, nous avons rencontré des membres du collectif cycliste historique *Cicloaxion* (entretien 5), d'un collectif récent (entretien 6) et de collectifs féministes (entretiens 7 et 8) et LGBTQ+ (entretien 9), ainsi que des chercheurs universitaires (entretien 10).

Les revendications des collectifs cyclistes de Lima et Santiago

Revendications cyclistes

Comme pour les *Critical mass*, une première série de revendications portent sur la place des cyclistes et leur droit à la ville. Elles s'expriment à l'échelle de la ville (accessibilité) mais aussi celle du corps (sécurité, intégrité). Le collectif historique de Lima (entretien 5) cite par exemple les chiffres de la police nationale montrant que la principale cause de décès chez les dix-huit à soixante-quatre ans est les accidents de la route (tous modes confondus). Ces revendications renvoient au besoin d'infrastructures adéquates (au-delà des pistes cyclables récréatives) et à

[3] Réunion d'idées (anciennement sur des sujets économiques, politiques, etc.) remise au goût du jour lors de la crise sociale.

sa légitimité politique et sociale comme moyen de transport à part entière dans des villes congestionnées et dominées par la voiture.

La RCP apparaît dans un contexte où le vélo connaît une expansion qui est renforcée par la fermeture des stations de métro vandalisées pendant la crise sociale. Elle prolonge les revendications du *Movimiento furiosos ciclistas* et sa *Cicletada de primer martes* (une *Critical mass* ayant lieu le premier mardi de chaque mois). À Lima, les mobilisations sont plus ponctuelles et de moindre ampleur (elles rassemblent des centaines de cyclistes). La coordination entre collectifs, assurée par le réseau *Bicired Peru*, est également plus difficile. Alors que le collectif *Cicloaxion* se mobilise pour des revendications cyclistes, d'autres donnent la priorité aux droits des communautés qu'ils représentent (féministes, LGBT+ etc.).

Dans les deux capitales, les infrastructures cyclables sont rares et peu sûres. Elles dépendent des nombreuses municipalités (34 à Santiago, 43 à Lima). Les collectifs réclament des actions concrètes afin de développer le vélo utilitaire. À Lima, les cyclistes dénoncent les grilles sécurisées mises en place dans certains quartiers par les habitants ou, dans une manifestation du 8 juillet 2020, les barrières construites par la municipalité devant un parc, qui contraignent les cyclistes à des détours sur des avenues à fort trafic.

La revendication quant à la légitimité et à la place à accorder au vélo est source de tensions comme l'illustre l'intervention d'un député chilien du parti présidentiel au Congrès : « *Les mouvements de cyclistes* [qui] *ont pris le contrôle et privatisé les rues de manière autoritaire, limitent la liberté et la tranquillité des automobilistes à se déplacer normalement.* » Les participants ont répliqué qu'au contraire, ils exercent leur droit à la ville où la pratique du vélo est dangereuse en raison du manque d'infrastructures et d'égard des automobilistes.

Les collectifs de Santiago et Lima participent à des événements latino-américains dont le plus important est le Forum mondial du vélo, créé au Brésil en 2012 après un accident lors de la *Critical Mass* de Porto Alegre. Il est l'occasion d'échanges sur les moyens d'action et la coordination des mobilisations à l'échelle continentale. Ils participent également au « *Día mundial sin auto* » (journée mondiale sans voiture) le 22 septembre.

Avec la pandémie, les manifestations laissent place à des campagnes en ligne. Les pouvoirs publics favorisent la pratique du vélo, qui permet de respecter la distanciation physique, par l'aménagement de pistes cyclables temporaires (environ 46 km à Lima et plus de 70 km à Santiago, en premier lieu dans les quartiers aisés). Certaines parties des classes moyennes se tournent elles aussi vers le vélo, plus économique que la voiture. La crise sanitaire accentue les inégalités sociales. Les travailleurs du secteur informel (un tiers de la population active à Santiago, plus de la moitié à Lima) vivant en périphérie ne profitent toutefois pas de ces nouvelles infrastructures et sont confrontés au manque de stationnement sécurisé aux abords des arrêts de transports publics. La RCP promeut le vélo comme un moyen de transport sain, qui renforce le système immunitaire et qui garantit la distanciation physique avec des slogans comme « *Plus de pistes cyclables, moins de contagions* ». Des participants à la RCP apportent par ailleurs des biens essentiels et organisent des *olla común* (soupes populaires) pendant le confinement. Dans les deux villes, les collectifs cyclistes proposent des cours de mécanique afin de favoriser l'usage du vélo.

Figure 1 : Flyer de la RCP, 11 octobre 2020, Santiago.

Les cyclistes reprennent la rue en septembre 2020 à Santiago avec des slogans tels que « *Confinons la voiture particulière et récupérons la ville !* » ou « *La prochaine pandémie est le vélo* ». De nombreux accidents mortels impliquant des cyclistes sont la conséquence d'excès de vitesse des automobilistes et conducteurs de bus dans une ville confinée et moins congestionnée. Des cortèges en mémoire des victimes sont organisés pour exiger plus sécurité. Le slogan « *Plus de cyclistes* morts » (*No+ cyclistas muertxs*) (figure 1) est diffusé dans toute la ville et scandé devant le logement de la ministre des Transports pour dénoncer son inaction. À Lima est organisée en juillet 2021 la « Manifestation contre la violence routière » avec, sur le flyer, des symboles de mobilité active sur fond de drapeau péruvien ainsi que des poings levés (figure 2).

Figure 2 : Flyer de la Manifestation contre la violence routière, 22 septembre 2021, Lima.

Dans un double contexte d'expansion de la pratique cycliste et de crise sociale, le vélo fait figure de symbole de transformation. Les revendications dépassent ainsi largement l'activisme cycliste comme le montrent les deux autres slogans du flyer de la RCP (figure 1) : « *J'approuve* » (*Apruebo* ; en référence au référendum sur la Constitution) et « *La dignité, la planète, ton futur* ».

Revendications politiques

Dans les deux villes, les collectifs cyclistes participent à un mouvement général de contestation. À Santiago, le slogan des lycéens appelant à frauder le métro – « *Fuir, ne pas payer, une autre façon de lutter* » – est adapté par les cyclistes en « *Fuir, pédaler, une autre façon de lutter* » qui scandent également « *Nous sommes cyclistes et nous nous joignons à la lutte* ». Des flyers demandent aux cyclistes d'emporter une casserole. Les concerts de casseroles, qui étaient un moyen de manifester et de contourner le couvre-feu lors de la dictature, réapparaissent avec la crise sociale.

Selon une activiste (entretien 3), la RCP apporte « *une contribution importante* » car « *la forme emblématique du comportement politique non électoral est*

Figure 3 : Flyer de la RCP, 29 décembre 2019.

l'occupation de la rue ». Les manifestations cyclistes permettent une plus grande visibilité en couvrant un territoire plus vaste. Les itinéraires relient les lieux symboliques du pouvoir (le palais présidentiel) et de la contestation (la place de la Dignité). Le fait d'être ensemble crée une émulation et les manifestants sont directement en relation avec les populations des différents quartiers y compris les plus périphériques et les plus touchés par les inégalités. Selon la personne 1, les gens « *se sont rendu compte que la protestation, qui était centrée dans un seul lieu, peut maintenant se déplacer dans toute la ville. Toutes les demandes sociales se meuvent à travers ce mouvement en masse critique.* […] *L'acceptation des gens a changé, ils respectent plus les cyclistes, ils donnent de l'eau* […]. »

La « dignité » du peuple chilien est réclamée sur les flyers de la RCP. Sur la figure 3, le cadrage donne l'idée d'un mouvement réunissant des cyclistes nombreux et aux profils divers. Au centre, une petite fille symbolise le caractère ouvert, bon enfant et non violent de la mobilisation. Des conseils sont donnés comme pour une excursion à vélo (eau, nourriture, casque, kit de réparation, etc.). Les lunettes de protection et le bandana rappellent toutefois l'aspect de manifestation et de possibles confrontations avec les forces de l'ordre.

Figure 4: Flyer de la Grande manifestation cycliste « Récupère ton pays », 15 novembre 2020, Lima.

Les revendications politiques de la RCP s'inscrivent dans le contexte de rejet du système politique comme l'exprime la pancarte « Pour un nouveau Chili » (figure 5). Cette volonté de rupture est présente dans les cris de ralliement à chaque rassemblement tels que « *Piñera* [le président] *assassin comme Pinochet* » ou « *Le peuple est dans la rue et demande la dignité* ». D'autres pancartes affichent un soutien aux retraités précaires : « Plus de AFP » (administrations des fonds de pension privatisés). On observe également le drapeau des Mapuche (figure 8). Représentant 13 % de la population au Chili, ce peuple autochtone est souvent victime de l'expropriation de ses terres ancestrales par des entreprises d'extraction de minerais et son existence n'est pas reconnue dans la Constitution. L'adjectif plurinational est ajouté au nom du mouvement dès le quatrième événement du 17 novembre 2019 afin de reconnaître la multiculturalité du Chili. Près d'une année plus tard, lors de la semaine avant le vote du 25 octobre, le message « *Apruebo* » prédomine dans les cortèges.

À Lima également, des milliers de cyclistes rejoignent un mouvement de contestation politique. Comme le mentionne le collectif Cicloaxion (entretien 5) : « *Le vélo est un symbole de liberté et, à ce titre, nous ne pouvons pas rester en marge des événements.* » La « Grande manifestation cycliste » du 15 novembre 2020 (figure 4)

Figure 5: Scènes de RCP (source: Alfonso Atavales Gallardo, militant cycliste) et de manifestation à Lima (source: auteurs).

Note: dans l'ordre, Pour un nouveau Chili, la lutte continue; Insurrection populaire (Lima); Plus de cyclistes morts et drapeau du mouvement féministe (Santiago); À vélo tu serais heureux (Lima); foulard vert du mouvement pour le droit à l'avortement (Santiago).

est intitulée «Récupère ton pays» et illustrée par un poing revendicateur avec comme arrière-fond une roue de vélo et le drapeau péruvien. Les slogans «#Merino dehors», «#cyclistes contre le coup d'État» ou «Merino ne me représente pas» rappellent ceux de Santiago appelant à la démission du président Piñera. Comme à Santiago, ces manifestations seront réprimées par la police dans la violence (2 morts et 70 blessés). Si la situation des peuples autochtones dans les deux pays présente de nombreuses similitudes, ils sont toutefois moins organisés au Pérou et leurs revendications ne sont pas présentes dans les manifestations cyclistes à l'exception de quelques maillots de couleurs rappelant la culture andine.

Au-delà de la contestation d'une figure politique, c'est la constitution qui est, à Lima comme à Santiago, remise en question. Celle du Pérou, qui date de 1993 et du gouvernement Fujimori, prône le néolibéralisme et laisse peu de place à la participation citoyenne. Les manifestations expriment également la crainte d'un retour de la dictature. Lors de l'élection présidentielle de mai 2021, les cyclistes utilisent le slogan «*Fujimori, nunca más*» (Fujimori, plus jamais), en référence à la candidate Keiko Fujimori, fille de l'ancien dictateur. Le slogan «plus jamais» est également scandé lors de la RCP du 11 septembre 2021, date anniversaire du coup d'État du

11 septembre 1973 instaurant la dictature chilienne. Lors de la pandémie, des collectifs des deux villes développent la campagne « Voter à vélo », afin d'encourager la participation aux élections tout en évitant le risque de contagion dans les transports en commun.

Revendications environnementales

Comme l'illustre le slogan « La dignité, la planète, ton futur » de la RCP, les mobilisations cyclistes placent au cœur de leurs préoccupations des questions environnementales. Ces dernières sont étroitement liées à la mobilité et les revendications environnementales des collectifs cyclistes renvoient à l'échelle de la planète et à celle de la ville.

Selon notre deuxième interlocutrice, « *le vélo à Santiago a cessé d'être un simple transport pour exprimer une conscience écologique* […] *et la crise climatique représente une occasion unique de réaliser cette transformation* ». Alors que Santiago renonce à accueillir la Conférence sur les changements climatiques (COP25) en raison de la crise sociale, la RCP, en collaboration avec le mouvement *Fridays for Future*, fait déposer par *El Viejito Pacuero* (le père Noël chilien) du charbon et du sable devant le ministère de l'Environnement pour dénoncer son inaction. Une banderole « *Le droit de respirer en paix* » surplombe le passage de la RCP en janvier 2020. Le mouvement apporte son soutien aux populations revendiquant leur droit de vivre dans un environnement sain.

La pratique du vélo est associée à la durabilité en raison de son impact environnemental très faible. Selon nos interlocuteurs, elle rend aussi certains cyclistes particulièrement conscients des problématiques écologiques à Santiago qui figure parmi les villes les plus polluées du monde. Ils peuvent se rendre compte du nuage toxique recouvrant la ville en hiver lors de leurs trajets ou, pour les cyclotouristes, de la dégradation de l'environnement du pays (déforestation, sécheresse, etc.).

Certains rassemblements poursuivent spécifiquement des objectifs écologiques. Lors de la *Bici-forestación* (reboisement à vélo) 4 000 cyclistes de Santiago replantent 2 000 arbres dans une partie de la région dévastée par des incendies et la déforestation. En décembre 2020, sur le même principe mais à plus petite échelle, un groupe de cyclistes parcourt douze parcs de Lima sous le slogan « *Plantón libre* » pour dénoncer l'état des parcs et leur mauvais entretien. Chaque cycliste reçoit à la fin du parcours des graines à planter dans la ville.

Les collectifs cyclistes de Santiago sont également actifs dans la sensibilisation à la protection de l'environnement en participant à des initiatives comme le jour du recyclage. L'affiche (figure 6) représente le *Mapocho Ciclo Parque*, une piste cyclable de 12 km traversant Santiago le long de la rivière Mapocho. Il met en scène une petite fille, symbolisant l'avenir, roulant à vélo sur cet aménagement, passant devant des conteneurs de recyclage. Le ciel bleu et la nature verdoyante suggèrent que cette action participera à créer un environnement non pollué et le slogan « *El Río es nuestro* » (la rivière est à nous) renforce le message de responsabilisation collective.

À Lima, les collectifs se mobilisent régulièrement en faveur de l'environnement comme en témoignent des sorties à vélo dénommées « Pour un Pérou durable » et « Pour une mobilité durable ». Le collectif *Actibicimo* organise fin 2019

Figure 6: Mobilisation cycliste pour la Journée mondiale des collecteurs de déchets, Santiago.

des discussions sur le thème «Nos rues, nos rivières» en reprenant des symboles similaires (couleurs vives, place du bleu et du vert, convivialité, etc.) (figure 7). D'une manière générale toutefois, la question écologique n'est pas aussi importante dans les mobilisations cyclistes de Lima que dans celles de Santiago. Le collectif historique *Cicloaxion* entend par exemple se focaliser sur les problèmes liés à la violence routière contre les cyclistes et au manque d'infrastructures.

Revendications féministes et de minorités sexuelles

Les mobilisations cyclistes à Lima et Santiago revendiquent l'inclusion sociale et les droits des femmes et des minorités sexuelles. Ces revendications portent sur la place de différentes minorités dans la ville et dans la société, et la dénonciation de logiques de domination et de subordination. Elles renvoient à l'échelle du corps, de la rue, de la ville et portent sur l'intégrité et l'accessibilité.

Des collectifs féministes participent aux mouvements cyclistes dans les deux villes à l'instar de la RCP: «*Les femmes transforment la mobilisation sociale, les révolutions cyclistes font partie de l'histoire mondiale de l'émancipation ou l'autonomisation des femmes!*» (Facebook de la RCP, 2 mars 2020). Les mobilisations les plus importantes ont lieu lors de la journée internationale du droit des femmes (8 mars) et la journée

Figure 7 : Flyer du cycle de discussion Nos rues, nos rivières, 11 octobre 2019, Lima.

internationale contre les violences faites aux femmes (25 novembre). Elles sont l'occasion de dénoncer l'emprise du système patriarcal (par exemple le divorce n'est légal au Chili que depuis 2004 et le Pérou est l'un des pays où il y a le plus de féminicides).

Lors de leurs actions, les participantes affichent souvent un foulard vert, symbole des mouvements féministes latino-américains créés en 2003 par des féministes argentines dans leur lutte pour le droit à l'avortement. Selon la personne 4, « *le foulard vert* [sur le vélo] *permet de militer 24 h/24* ». Dès janvier 2021, des centaines de femmes défilent dans les rues de Santiago lors des « *Cicletadas verdes* » (sorties à vélo vertes), munies de ce foulard, pour revendiquer le droit à l'avortement. Leurs mobilisations, avec celles d'autres mouvements féministes, portent leurs fruits avec la légalisation de l'avortement en septembre 2021. Ce vote a notamment encouragé les cyclistes femmes de Lima à manifester car ce droit n'est pas acquis au Pérou.

À Santiago, la « Révolution cycliste plurinationale féminine » se forme peu après la RCP et participe aux rassemblements. Des événements spécifiques sont organisés comme la « *Cicletada de las niñas* » (Sortie à vélo des filles) visant à renforcer la sécurité des filles dans les espaces publics avec le soutien d'adultes. Créée à Santiago en 2018, elle s'est diffusée en Amérique du Sud dont Lima. D'autres exemples sont la « Sortie à vélo féministe et antipatriarcale » ou la « Randonnée cycliste pour approuver la nouvelle Constitution » (figure 8). On trouve sur ce flyer le foulard vert (aussi utilisé comme masque, pandémie oblige), une traînée violette, soit la couleur du mouvement féministe, le drapeau arc-en-ciel LGBTQ+, le poing levé en signe de contestation mais aussi le drapeau Mapuche et un autre appelant à voter oui au changement de constitution.

Les rassemblements cyclistes de femmes et de membres des communautés LGBTQ+ revendiquent le droit de rouler de manière sécurisée et de participer pleinement à la vie

Figure 8: Flyer de la Sortie à vélo féministe, 17 octobre 2020, Santiago.

sociale et économique. Ces collectifs sont vus comme «*des espaces sûrs pour parler de comment on se sent quand on part à vélo, de ce qu'on a envie et de ce qu'on veut revendiquer et aider d'autres femmes à se sentir sûres comme nous sur un vélo*» (personne 8). Des vélos-écoles pour femmes sont d'ailleurs organisées par certains collectifs à Lima et à Santiago. Pour pallier le manque de reconnaissance de la contribution des femmes dans l'histoire du Pérou, le boulevard de las Patricias a été inauguré à Lima. Plusieurs collectifs cyclistes féministes s'y réunissent le 25 juillet 2021, foulards verts et violets mis en évidence, pour lire la biographie de femmes ayant participé à l'indépendance et déposer des fleurs aux pieds de leurs statues (figure 9).

Circuler à vélo à Santiago et Lima fait face à des conditions difficiles et ce problème se pose avec plus d'acuité pour les femmes et les minorités sexuelles dans certains quartiers ou le soir. Les pistes cyclables existantes ne sont pas pensées pour

Figure 9 : Hommage de collectifs cyclistes féministes aux héroïnes de l'indépendance du Pérou, 25 juillet 2021, Lima (source : auteurs).

les trajets quotidiens des femmes. La convergence de différentes luttes est revendiquée par certaines participantes (« *C'est commun de dire que lorsque tu es féministe, tu es anticapitaliste, antiraciste donc c'est logique de faire du vélo* », personne 7). Des tensions apparaissent toutefois : certaines participantes ne se sentant pas en sécurité entourées d'hommes dans les RCP et les *Critical Mass* de Lima, elles ont créé leurs propres événements. Aux forums mondiaux du vélo à Lima (2018) et Quito (2019), des collectifs féministes ont remis en question une organisation faite « *par des hommes, pour des hommes* » (personne 7) et ont refusé de donner la parole à certains hommes (Pasapera Tupiño, 2021). Il s'agit d'un des éléments déclencheurs de la rupture entre les collectifs féministes (qui se revendiquent comme tels avant d'être cyclistes) et les collectifs historiques de Lima.

La communauté LGBTQ+ est présente lors des RCP. Au moment de la fin d'un confinement à Lima, en octobre 2020, un groupe cycliste LGBTQ+ a commencé à organiser des sorties à vélo. Selon la personne 9, « *c'est un espace pour socialiser, pour être ensemble. Généralement les espaces sportifs sont assez agressifs pour les personnes comme nous. Et cela nous isole de ces activités. L'idée était de créer un groupe pour cela.* » Le groupe a grandi au fil des mois pour atteindre environ cinquante personnes à chaque sortie en 2021. La RCP a quant à elle organisé une *Critical Mass* pour saluer l'adoption du mariage pour tous le 7 décembre 2021.

Conclusion

La Révolution cycliste plurinationale (RCP) de Santiago et les collectifs cyclistes de Lima reprennent les principes des *Critical mass* en rassemblant des cyclistes en nombre (Furness, 2007, 2010). Ils endossent le rôle de porte-parole des cyclistes en exigeant davantage de sécurité pour se déplacer à vélo et de repenser la place accordée au trafic motorisé dans des villes congestionnées.

Ces collectifs ne se cantonnent toutefois pas aux questions de vélo. Ils participent aux mouvements de contestation qui traversent les deux pays (nouvelle Constitution, élections, crainte d'un retour de la dictature) et véhiculent des revendications politiques, environnementales et sociales. Ils poursuivent ainsi deux objectifs des mouvements sociaux identifiés par Castells (1983, 1986) : la consommation collective (place et légitimité des cyclistes dans la ville) et la défense des droits des citoyens quels que soient leur genre, classe sociale, origine nationale ou orientation sexuelle.

Dans ces manifestations cyclistes, les rues et la ville endossent un double rôle. Elles servent de scènes de lutte où les cyclistes, par leur capacité à être mobiles, diffusent leurs messages de contestation dans l'ensemble des quartiers. Elles constituent aussi un enjeu en soi dans la revendication d'un droit à la ville et plus particulièrement celui d'y rouler à vélo de manière sécurisée afin de profiter de ses aménités (Lefebvre, 1974).

La Révolution cycliste plurinationale (RCP) de Santiago se distingue par sa fréquence (plusieurs fois par semaine du moins hors confinement), sa durée (plusieurs mois) et son ampleur (des milliers de participants). Elle s'ancre également dans un vaste mouvement de contestation nationale. Au Pérou, la fin plus récente de la dictature expliquerait une moindre mobilisation politique de manière générale. Les collectifs cyclistes de Lima ressemblent toutefois à ceux des autres capitales latino-américaines. Ils avancent avant tout des revendications cyclistes, agissent à plus petite échelle et de manière moins unifiée mais rejoignent des mouvements de grande envergure en fonction des actualités (élections, etc.).

En utilisant le prisme de la justice mobilitaire (Sheller, 2018), l'analyse montre que les revendications des collectifs cyclistes renvoient à différentes crises de mobilité. Elles mettent en exergue les inégalités dans la possibilité de se déplacer de manière sécurisée et aisée en fonction de la classe sociale, du genre, de l'orientation sexuelle, de l'origine nationale mais aussi du mode de transport. Elles dénoncent les structures qui les perpétuent : système politique, économie néolibérale, patriarcat, système automobile. Elles illustrent également les différentes échelles des crises de mobilité allant du corps (déplacements par la force physique des cyclistes mais aussi revendications de sécurité et d'intégrité) à la planète (impacts environnementaux) en passant par la ville (accès aux aménités urbaines) et le pays (système politique).

Le vélo permet à chacune des revendications de remettre en question les codes dominants et leur inscription dans l'espace (Horton 2006a, 2006b). Dans le contexte des crises politiques, économiques, sociales mais aussi sanitaires traversées par le Chili et le Pérou et leurs capitales, le vélo apparaît à la fois comme un mode de transport résilient (Héran, 2022) et comme le symbole d'un (besoin de) changement systémique (Furness, 2007). Des travaux ultérieurs seraient cependant nécessaires (sur la perception par les autres mouvements sociaux, les effets sur les débats et décisions politiques, etc.). D'autres recherches complémentaires pourraient aborder les mouvements cyclistes dans une perspective globale et comparative afin d'analyser la nature de leurs revendications, l'influence du contexte spatial et temporel, la circulation des idées entre les pays et les significations variables qu'ils donnent au vélo.

Tableau 1 : Synthèse des revendications de la RCP et des collectifs cyclistes de Lima

Revendications	Cyclistes	Politiques	Environnementales	Féministes
Dimension mobilitaire	Mobilité quotidienne Crise sanitaire	Mobilité quotidienne « Dignité » du peuple chilien Frilosité d'engagement au Pérou	Impacts environnementaux des transports	Inclusion des groupes sociaux dans la ville et dans la société (femmes, LGBT+, etc.)
Échelle	Du corps (intégrité, santé, distanciation physique) à la ville (accessibilité)	Ville et plus généralement Chili et le Pérou	De la ville (santé, reforestation, etc.) à la planète (changements climatiques, ressources, etc.)	Du corps (intégrité) à la rue et à la ville (accessibilité)
Inégalités	Domination du système automobile	Inégalités sociales (coût de la vie, offre de transport)	Pollutions, justice environnementale	Inégalités de genre, patriarcat, etc.
Spécificité du mouvement cycliste	Besoin des cyclistes (infrastructures, légitimité politique et sociale)	Participe à la contestation sociale et politique générale au Chili et de façon ponctuelle au Pérou	Moyen de transport respectueux de l'environnement	Vélo comme outil d'émancipation et d'autonomisation

BIBLIOGRAPHIE

CASTELLS Manuel, 1983: *The City and the Grassroots: A Cross-cultural Theory of Urban Social Movements*, London, Edward Arnold.

— 1986: «Los pobladores y el Estado: la dialéctica entre integración social y cambio social: Lima, México y Santiago de Chile», *La ciudad y las masas, Madrid*, M. Castells, Alianza Editorial, 269-291.

COX Peter (éd.), 2015: *Cycling Cultures, Chester*, University of Chester Press.

DURAND GUEVARA Anahí, 2014: *Movimientos sociales y política en el Perú de hoy*, Latinoamérica. Revista de Estudios Latinoamericanos 58, 59-84.

FERRELL Jeff, 2001: *Tearing Down the Streets: Adventures in Urban Anarchy*, New York, Palgrave Macmillan.

FURNESS Zack, 2007: «Critical Mass, Urban Space and Vélomobility», *Mobilities*, vol. 2, London, 299-319.

— 2010: *One Less Car: Bicycling and the Politics of Automobility*, Temple University Press.

HERAN Frédéric, 2015: *Le retour de la bicyclette: Une histoire des déplacements urbains en Europe, de 1817 à 2050*, Paris, Découverte.

— 2020: «Le vélo, ce mode de déplacement super résilient», *The Conversation*, http://theconversation.com/le-velo-ce-mode-de-deplacement-super-resilient-138039, consulté le 8 novembre 2020.

HORTON David, 2006a: Social Movements and the Bicycle Available, https://thinkingaboutcycling.files.wordpress.com/2009/11/social-movements-and-the-bicycle.pdf

HORTON David, 2006b: «Environmentalism and the bicycle», *Environmental Politics* 15, 41-58.

KOGLIN Till, RYE Tom, 2014: «The Marginalisation of Bicycling in Modernist Urban Transport Planning», *Journal of Transport & Health*, vol. 1, 214-222.

LEFEBVRE Henri, 1974: *Le droit à la ville*, Paris, Anthropos.

MUNDLER Marie, RÉRAT Patrick, 2018: «Le vélo comme outil d'empowerment. Les impacts des cours de vélo pour adultes sur les pratiques socio-spatiales», *Les cahiers scientifiques du transport* 73, 139-160.

MURGA FRASSINETTI Antonio, 2006: «Los movimientos sociales en América Latina (1980-2000): una revisión bibliográfica», *Pollis* 2, vol. 2, 163-196.

PASAPERA TUPINO Eva Nohelia, 2021: *Resignificación del derecho a la ciudad: inclusión de una agenda feminista en dos ediciones del Foro Mundial de la Bicicleta (Lima, 2018 y Quito, 2019)*, Pontificia Universidad Católica del Perú.

PURCELL Mark, 2014: «Possible Worlds: Henri Lefebvre and the Right to the City», *Journal of Urban Affairs*, vol. 36, 141-154.

RODRIGUEZ VIGNOLI Jorge, 2008: «Movilidad Cotidiana, Desigualdad Social y Segregación Residencial En Cuatro Metrópolis de América Latin» 103, vol. 34, 49-71.

ROSE Gillian, 2016: *Visual Methodologies: An Introduction to Researching with Visual Materials*, Oxford, Sage Publications.

ROSEN Jody, 2020: «The Bicycle as a Vehicle of Protest», *The New Yorker*, https://www.newyorker.com/culture/cultural-comment/the-bicycle-as-a-vehicle-of-protest.

SAGARIS Lake, 2019: *Otra clase de amor: ciudad viva y el nacimiento de un urbanismo ciudadano en chile*, Santiago, Ril editores.

Sheller Mimi, 2018 : *Mobility justice : the politics of movement in the age of extremes*, London, Verso.

Sandoval Gabriela, 2013 : *Vivir entre rejas. Seguridad ciudadana y privatización de la calle en urbanizaciones de Ate y La Molina, Lima*, tesis de Magíster en Sociología de la PUCP, 71.

Urry John, 2004 : « The System' of Automobility », *Theory, Culture & Society* 4-5, vol. 21, 25-39.

CYCLING MOBILISATIONS IN SANTIAGO DE CHILE AND LIMA: DEMANDS FOR MOBILITY JUSTICE

In Lima (Peru) and Santiago (Chile), cycling collectives are calling for the recognition of cycling as a means of transport in its own right. However, their demands are broader and also include political, environmental and feminist issues. Using the prism of the concept of mobility justice, the analysis shows that these demands refer to several crises of mobility, to inequalities by the possibility of moving in the city (according to social class, gender, sexual orientation, national origin or mode of transport), and to the structures that perpetuate them (political system, neo-liberal economy, patriarchy, car system). Beyond local and national specificities, the bicycle appears to be a resilient mode of transport in the crises experienced by these two Latin American capitals. By crystallizing plural claims, the bicycle is used as a vector for systemic change by these cycling collectives.

***Keywords**: bicycle, social movement, mobile justice, Santiago de Chile, Lima.*

DIE MOBILMACHUNGEN DER RADFAHRER IN SANTIAGO DE CHILE UND LIMA: FORDERUNGEN FÜR GERECHTE MOBILITÄT

In Lima (Peru) und Santiago (Chile) fordern Fahrradkollektive die Anerkennung des Fahrrads als vollwertiges Verkehrsmittel. Ihre Forderungen sind jedoch weiter gefasst und beziehen sich auch auf politische, ökologische und feministische Themen. Durch die Verwendung des Prismas des Konzepts der mobilen Gerechtigkeit zeigt die Analyse, dass diese Forderungen auf verschiedene Mobilitätskrisen, Ungleichheiten bei der Möglichkeit sich fortzubewegen (abhängig von der sozialen Klasse, dem Geschlecht, der sexuellen Orientierung, der nationalen Herkunft oder dem Verkehrsmittel) und auf die Strukturen, die diese Ungleichheiten aufrechterhalten (politisches System, neoliberale Wirtschaft, Patriarchat, Automobilsystem), verweisen. Über die lokalen und nationalen Besonderheiten hinaus erscheint das Fahrrad als ein Fortbewegungsmittel, das in den Krisen, die diese beiden lateinamerikanischen Hauptstädte durchlaufen haben, resilient ist. Indem es pluralistische Forderungen kristallisiert, wird es von diesen Bewegungen als Vektor für systemische Veränderungen eingesetzt.

***Stichwörter**: Fahrrad, soziale Bewegung, Mobilitätsgerechtigkeit, Santiago de Chile, Lima.*

Table des matières